中国石油高技能人才培训丛书

天然气净化分析技师培训教程

中国石油天然气集团公司人事部 编

石油工业出版社

内 容 提 要

本书全面介绍了天然气净化厂气体分析、溶液组分分析、工业硫黄分析、水质分析的方法、常见问题和解决措施，简要介绍了分光光度计、气相色谱仪的使用和维护保养，还介绍了分析作业的安全特点和要求以及化验室的建设与管理。

本书对于天然气净化分析工的工作具有切合实际的指导意义，可作为天然气净化分析高技能人才的培训教材，也可供与天然气分析相关的工作人员参考。

图书在版编目（CIP）数据

天然气净化分析技师培训教程/中国石油天然气集团公司人事部编.
北京：石油工业出版社，2012.5
（中国石油高技能人才培训丛书）
ISBN 978-7-5021-8993-8

Ⅰ. 天…
Ⅱ. 中…
Ⅲ. ①天然气净化-技术培训-教材　②天然气分析-技术培训-教材
Ⅳ. TE64

中国版本图书馆 CIP 数据核字（2012）第 054091 号

出版发行：石油工业出版社
　　　　　（北京安定门外安华里2区1号　100011）
　　　网　　址：www.petropub.com.cn
　　　编辑部：（010）64523585　发行部：（010）64523620
经　　销：全国新华书店
印　　刷：北京中石油彩色印刷有限责任公司

2012年5月第1版　2012年5月第1次印刷
787×1092毫米　开本：1/16　印张：9.5
字数：238千字

定价：25.00元
（如出现印装质量问题，我社发行部负责调换）
版权所有，翻印必究

《中国石油高技能人才培训丛书》
编 委 会

主　　任：单昆基

副 主 任：任一村

执行主任：丁传峰

委　　员：（按姓氏笔画排序）

王子云	左洪波	吕凤军	刘　勇	刘德如
杨　峰	杨静芬	李世效	李建军	李孟洲
李钟馨	李保民	李超英	李禄松	何　波
张建国	陈宝全	尚全民	周宝银	徐进学
高　强	高丽丽	职丽枫	崔贵维	韩贵金
傅敬强	霍　良			

前　言

为加快高技能人才知识更新，提升高技能人才职业素养、专业知识水平和解决生产实际问题的能力，进一步发挥高端带动作用，在总结"十一五"技师、高级技师跨企业、跨区域开展脱产集中培训的基础上，中国石油天然气集团公司人事部依托承担集团公司技师培训项目的培训机构，组织专家力量，历时一年多时间，将教学讲义、专家讲座、现场经验及学员技术交流成果资料加以系统整理、归纳、提炼，开发出首批15个职业（工种）高技能人才培训系列教材，由石油工业出版社陆续出版。

本套教材在内容选择上，突出新知识、新技术、新材料、新工艺等"四新"技术介绍，重视工艺原理、操作规程、核心技术、关键技能、故障处理、典型案例、系统集成技术、相关专业联系等方面的知识和技能，以及综合技能与创新能力的知识介绍，力求体现"特、深、专、实"的特点，追求理论知识体系的通俗易懂和工作实践经验的总结提炼。

本套教材是集团公司加快适用于高技能人才现代培训技术和特色教材开发的有益尝试，适合于已取得技师、高级技师职业资格的人员自学提高、研修培训、传承技艺使用，也适合后备高技能人才超前储备知识使用，同时，也为现场技术人员和培训机构提供了一套实践参考用书。

《天然气净化分析技师培训教程》由西南油气田公司组织编写，傅敬强、王晓东任主编，参加编写的人员有岑岭、陈邦海、任标、李阳波、周廷良、孙开俊、魏厚礼、张晓云、周素兰、沈其华等；参加审定的人员有西南油气田公司万义秀、郑民、熊勇、彭维茂、张有军、钱友美，长庆油田公司任骏，塔里木油田公司陈军华。在编写过程中，部分内容得到塔里木油田公司丁友祥、长庆油田公司任骏等的大力协助，在此表示感谢。

由于编者水平有限，书中错误、疏漏之处在所难免，请广大读者提出宝贵意见。

编者
2011年10月

目 录

第一章 天然气净化厂气体分析 ································· 1
- 第一节 天然气中硫化氢含量的测定 ································· 1
- 第二节 天然气中二氧化碳含量的测定 ································· 8
- 第三节 天然气中总硫含量的测定 ································· 10
- 第四节 天然气中水含量的测定 ································· 17
- 第五节 酸气中硫化氢、二氧化碳、烃和永久性气体含量的测定 ································· 21
- 第六节 硫黄回收过程气中硫化氢和二氧化硫含量的测定 ································· 23
- 第七节 装置检（维）修过程中的气质分析 ································· 25

第二章 天然气净化厂溶液组分分析 ································· 28
- 第一节 脱硫溶液中醇胺和水含量的测定 ································· 28
- 第二节 脱硫溶液中硫化氢含量的测定 ································· 30
- 第三节 脱硫溶液中二氧化碳含量的测定 ································· 32
- 第四节 脱水溶液中三甘醇和水分含量的测定 ································· 33
- 第五节 脱硫溶液中金属离子（Fe^{2+}、Fe^{3+}）测定 ································· 35
- 第六节 脱硫溶液中盐离子（Cl^-）测定 ································· 36

第三章 工业硫黄分析 ································· 38
- 第一节 采样及常见问题的处理 ································· 38
- 第二节 样品制备及常见问题的处理 ································· 40
- 第三节 测定过程中常见问题及解决措施 ································· 41

第四章 天然气净化厂水质分析 ································· 48
- 第一节 工业锅炉水质测定 ································· 48
- 第二节 废水测定 ································· 56
- 第三节 循环水水质分析 ································· 62
- 第四节 甲醇回收装置水质测定 ································· 66

第五章 分析作业的安全特点及基本安全要求 ································· 69
- 第一节 分析作业安全特点 ································· 69
- 第二节 安全基本要求 ································· 70
- 第三节 化验室安全基本要求 ································· 71
- 第四节 化验分析过程的安全基本要求 ································· 71

第五节　危险化学品的使用 …………………………………………………… 73
　　第六节　使用高压气瓶操作 …………………………………………………… 74
第六章　分光光度计 ……………………………………………………………… 75
　　第一节　分光光度法反应条件的选择 ………………………………………… 75
　　第二节　定量分析方法 ………………………………………………………… 80
　　第三节　分光光度计的几种重要性能指标的检验 …………………………… 82
　　第四节　分光光度计的保养和维护 …………………………………………… 82
　　第五节　分光光度计常见故障及排除方法 …………………………………… 83
第七章　气相色谱仪 ……………………………………………………………… 86
　　第一节　色谱柱的选择 ………………………………………………………… 86
　　第二节　填充色谱柱的制备 …………………………………………………… 88
　　第三节　色谱条件的选择 ……………………………………………………… 90
　　第四节　气相色谱仪的使用及维护 …………………………………………… 92
　　第五节　标准校正气体 ………………………………………………………… 94
　　第六节　气体组分分析误差的来源及其对策 ………………………………… 98
　　第七节　实验室气相色谱仪的选择 …………………………………………… 100
　　第八节　实验室气相色谱仪常见故障及排除方法 …………………………… 102
第八章　化验室建设与管理 ……………………………………………………… 110
　　第一节　天然气净化厂化验室的功能要求 …………………………………… 110
　　第二节　化验室标准化 ………………………………………………………… 112
　　第三节　仪器分析方法与分析仪器概述 ……………………………………… 117
　　第四节　分析测试中的质量保证 ……………………………………………… 125
　　第五节　化验室管理 …………………………………………………………… 130
　　第六节　化验室安全 …………………………………………………………… 134
　　第七节　化验室急救 …………………………………………………………… 139

参考文献 …………………………………………………………………………… 143

第一章 天然气净化厂气体分析

第一节 天然气中硫化氢含量的测定

一、测定天然气中硫化氢含量的目的、意义及控制指标

通过对原料天然气硫化氢含量的分析，可为脱硫单元操作优化和参数调整提供指导；通过对脱硫闪蒸气硫化氢含量的分析，确保闪蒸气的回收利用符合相关要求，并为脱硫单元闪蒸罐的操作优化和参数调整提供指导；产品气硫化氢含量是天然气气质标准中的重要指标，通过分析产品气中硫化氢含量，确保产品气质量达到标准要求，并为脱硫操作管理提供重要指导。

《天然气》（GB 17820—1999）规定，一类天然气中硫化氢小于或等于 $6mg/m^3$，二类天然气中硫化氢小于或等于 $20mg/m^3$。天然气净化厂产品气硫化氢必须达到二类以上标准。

二、测定过程中常见问题及解决措施

天然气净化厂中硫化氢含量测定的方法有气相色谱法（SY/T 6537—2002《天然气净化厂气体及溶液分析方法》）、碘量法（GB/T 11060.1—2010《天然气含硫化合物的测定 第1部分：用碘量法测定硫化氢含量》）、亚甲蓝法（GB/T 11060.2—2008《天然气 含硫化合物的测定 第2部分：用亚甲蓝法测定硫化氢含量》）、钼蓝法（SY/T 6537—2002）。

（一）气相色谱法

本方法适用于气体净化装置原料气、酸气、回收过程气、尾气、检修过程气中硫化氢含量的测定。

让定量的样品气和等量的标准气在相同色谱操作条件下通过同一色谱柱，使硫化氢等组分得到分离，用热导检测器检测并记录色谱图。比较样品气和标准气相应色谱峰的峰值（峰高或峰面积），计算样品气中硫化氢的含量。

1. 测定过程简述

1）采样

用短节胶管将干燥管同取样阀出口连接，干燥管出口经一段长 2m 的胶管将排出气体引入碱洗瓶。缓缓打开取样阀，排出气体约 2min 后，取一支洁净干燥的注射器，用注射针刺入胶管取样。

2）测定

（1）定性分析。

在相同的色谱仪操作条件下，分别进样品气和标准气，记录色谱图，测定色谱峰的保留时间，根据保留值相同的原理，确定样品气色谱图中硫化氢色谱峰的位置。

（2）定量分析。

①标样定量。

当气体组成变化不大时，采用标样定量法。在相同的色谱操作条件下，分别进样品气和

标准气，记录色谱图，测量色谱峰值。比较样品气与标准气的色谱峰值即可得出待测组分相应的浓度。

②标准曲线法定量。

当待测组分浓度变化比较大时，可使用标准曲线法定量。

标准曲线的绘制：根据待测组分浓度变化范围，使用 3～5 个标样，在相同的色谱仪操作条件下，按相同的进样量测定色谱峰值。在直角坐标纸上，以峰值及相应浓度值绘制标准曲线（或用一元线性回归曲线）。该曲线需每月用标样核查一次。

按绘制标准曲线时选定的色谱仪操作条件和进样量测定未知样的色谱峰值，并从标准曲线上查出（或计算出）待测组分相应的浓度。

2. 影响分析结果的主要因素及解决措施

1）采样

（1）原因分析：

①取样导管过长或管径过大，样品在导管内停留时间过长，导管对硫化氢的吸附增大。

②取样导管未采用耐硫化氢腐蚀的材料，易腐蚀，易产生吸附。

③取样导管未充分置换。

④注射器不清洁，污染样品。

⑤取样用的注射器漏气。

⑥注射器未用样品气体置换或置换次数不够。

（2）解决措施：

①为减少样品在取样导管中的停留时间，取样导管尽可能短，一般采用 0.5～1m，管径尽可能小，一般采用 $\phi 3mm \sim \phi 6mm$。

②采用耐硫化氢腐蚀的取样导管，如聚乙烯、聚酰胺、聚四氟乙烯等，减小取样导管对硫化氢的吸附。

③采样前应用样品气充分置换取样管线内的气体。若吹扫取样管线内死气的过程中有凝液出现，应排尽凝液后再取样。

④注射器在使用前需洗净、烘干。

⑤注射器使用前进行气密性实验。

⑥用样品气体置换注射器 2 次以上才能取样。

2）测定

（1）原因分析：

①样品放置时间过长，样品被容器吸附。

②六通阀、定量管堵塞或管路漏气，峰值明显偏低。

③色谱分离效果不好，峰值定量结果不准确。

④进样速度过快或过慢，影响样品均匀，色谱峰形偏高或偏低。

⑤样品和标样的色谱分析条件不完全一致，如柱温、检测器温度、桥流、检测器灵敏度、载气流速等。

⑥标样的浓度与样品浓度相差较大，标样浓度过高或过低使样品测定结果偏高或偏低。

⑦温度和大气压对样品体积产生影响。

（2）解决措施：

①取好的样品要在最短时间内进行分析（一般在 10min 内进行分析），减少硫化氢在容

②清洗六通阀、定量管，检查气路系统并排除漏气故障。
③更换色谱柱、降低柱温或降低载气流速，以达到分离效果。
④样品气和标准气以一致的速度进样。
⑤调整柱温、检测器温度、桥流、检测器灵敏度、载气流速等，使样品气和标准气在同一色谱条件下进行分析。
⑥标准气浓度尽量与样品气浓度一致，允许相差不超过50%。
⑦标准气与样品气在同一时段、同一温度和大气压下进行分析。

（二）碘量法

用过量的乙酸锌溶液吸收气样中的硫化氢，生成硫化锌沉淀。加入过量的碘溶液氧化生成的硫化锌，剩余的碘用硫代硫酸钠标准滴定溶液滴定。

1. 测定过程简述
1）采样
（1）硫化氢含量高于0.5%的气体。

用短节胶管依次将取样阀、定量管、转子流量计和碱洗瓶连接，打开定量管活塞，缓缓打开取样阀，使气体以1~2L/min的流量通过定量管，待通过的气量达到15~20倍定量管容积后，依次关闭取样阀和定量管活塞。

向吸收器中加入50mL乙酸锌溶液，振动吸收器，使一部分溶液进入玻璃孔板下部的空间。用洗耳球吹出定量管两端玻璃管中可能存在的硫化氢。用短节胶管将各部分紧密对接。打开定量管活塞，缓缓打开针形阀，以300~500 mL/min的流量通氮气20min，停止通气。

（2）硫化氢含量低于0.5%的气体。

向吸收器中加入50mL乙酸锌溶液，用短节胶管将各部分紧密对接。全开螺旋夹，缓缓打开取样阀，用样品气经排空管充分置换取样导管内的气体。记录流量计读数，作为取样的初始读数。调节螺旋夹使气体以300~500mL/min的流量通过吸收器。吸收过程中分几次记录气体的温度。待通过规定量的气样后，关闭取样阀。

2）分析

取下吸收器，用吸量管加入10（或20）mL碘溶液。硫化氢含量低于0.5%时应使用较低浓度的碘溶液。再加入10mL盐酸溶液，装上吸收器头，混合均匀。待反应2~3min后，将溶液转移进250mL碘量瓶中，用硫代硫酸钠标准滴定溶液滴定，近终点时，加入1~2mL淀粉溶液，继续滴定至溶液蓝色消失。按同样的步骤做空白试验。

2. 影响分析结果的主要因素及解决措施
1）采样
（1）原因分析：
①定量管未用耐硫化氢腐蚀的惰性材料，产生吸附。
②定量管未定容，造成取样体积不准确。
③定量管不清洁，污染样品。
④定量管漏气，影响样品的真实性。
⑤定量管未用样品气体置换或置换不够，致使所取得的样品不真实。
⑥在对硫化氢含量低于0.5%的气体进行吸收时，吸收速度不符合要求。速度过快，硫化氢吸收不完全，使分析结果偏低。速度过慢，吸收时间过长，不能及时报出分析结果、指

导工艺操作。

⑦硫化锌在日光照射下易分解。

⑧取样前吸收器玻璃孔板（以下简称玻板）下有空气，硫化氢不能充分吸收。

⑨吸收器玻孔（玻璃孔板上的孔，直径 0.5~1mm）不符合要求。玻孔孔径过大，吸收不完全。孔径过小，吸收阻力过大，达不到吸收速度要求。

（2）解决措施：

①定量管最好使用全玻璃制作。

②定量管必须经过校验后才能使用，以确保取样体积的准确。

③定量管在使用前需洗净、烘干。

④定量管使用前进行气密性实验。

⑤用样品气置换气量达到 15~20 倍定量管容积后取样。

⑥吸收速度控制在 300~500mL/min。

⑦吸收过程中必须避免日光直射。

⑧取样前应用洗耳球在吸收器入口轻轻鼓动，使一部分溶液进入玻板下部的空间，使硫化氢能得以充分吸收。

⑨一定要选用内附玻璃孔板，板上均匀分布有 20 个直径 0.5~1mm 的小孔。

2）分析

（1）原因分析：

①乙酸锌溶液的酸度：乙酸锌是弱酸弱碱盐，在水中会发生水解反应，配制乙酸锌溶液时，一部分乙酸锌水解生成氢氧化锌沉淀和乙酸，氢氧化锌沉淀的生成并不影响硫化氢的吸收，沉淀附着于试剂瓶壁，应往溶液中滴加冰醋酸并强烈搅动，使氢氧化锌沉淀溶解，溶液变透明。加入冰醋酸的量应尽可能的少，过量的冰醋酸会妨碍溶液对硫化氢的吸收。

②乙酸锌溶液吸收样品气中的硫化氢时，由于生成胶体溶液，会出现严重的发泡现象，影响溶液对硫化氢的吸收。

③向吸收管加入碘液之前未排尽玻板下面的空气，溶液不能充满吸收器，致使碘液被吸收管内空气氧化。

④溶液混匀时混入空气，引起碘氧化。

⑤反应时间未严格控制，反应时间过长易使碘分解，时间过短反应不完全。

⑥溶液酸碱度控制不好。在碱性溶液中，碘和硫代硫酸钠会发生非 1:2 关系的反应：$Na_2S_2O_3 + 4I_2 + 10NaOH \Longrightarrow 2Na_2SO_4 + 8NaI + 5H_2O$；而在较强的碱性溶液中碘会发生歧化反应：$3I_2 + 6OH^- \Longrightarrow IO_3^- + 5I^- + 3H_2O$；在强酸性溶液中，硫代硫酸钠会分解：$S_2O_3^{2-} + 2H^+ \Longrightarrow SO_2 + S + H_2O$；碘离子在酸性溶液中易被空气中的氧气氧化：$4I^- + 4H^+ + O_2 \Longrightarrow 2I_2 + 2H_2O$。溶液酸碱度控制不好会导致测定误差增大。

⑦在阳光直射下碘发生分解。

⑧滴定时摇动速度不合适。

⑨淀粉溶液加入时间不当，过早加入淀粉溶液，淀粉与碘形成的蓝色络合物与硫代硫酸钠的反应速度较小，往往会滴定过量。

⑩结果计算时未进行体积校正。

（2）解决措施：

①配制乙酸锌溶液时，每升溶液加入 1~2 滴冰醋酸可防止乙酸锌的水解。

②向 1L 乙酸锌溶液中加入 30mL 无水乙醇以破坏硫化锌胶体溶液的形成。

③往吸收管加入碘液之前，用洗耳球在吸收管入口轻轻地鼓动玻璃孔板下部的空气，使溶液完全充满吸收器。

④加入碘液和盐酸溶液后用洗耳球在吸收器入口轻轻地鼓动溶液，使之混合均匀时，一定注意不能吹入空气，防止碘液挥发。

⑤反应时间应严格控制在 2~3min。

⑥溶液酸碱度应控制在中性或弱酸性条件下。

⑦滴定过程中要避免日光直射。

⑧在滴定开始时，被滴定体系中碘的浓度较大，一定要轻摇、慢摇，以防碘挥发；也一定要摇匀，否则局部过量的硫代硫酸钠会发生分解。滴至临近终点时，碘的颜色很浅，可以剧烈摇动，特别是加了淀粉溶液后，更要充分剧烈摇动，以保证反应完全。

⑨应在滴定近终点时加入淀粉溶液。

⑩取样时一定要记录温度、大气压，计算时要进行体积校正。

(三) 亚甲蓝法

用乙酸锌溶液吸收气样中的硫化氢，生成硫化锌。在酸性介质中和三价铁离子存在下，硫化锌同 N，N - 二甲基对苯二胺反应生成亚甲蓝。通过用分光光度计测量溶液吸光度的方法测定生成的亚甲蓝。

1. 测定过程简述

1) 采样

向吸收器中加入 30mL 乙酸锌溶液，用短节胶管将仪器的各部分紧密对接。全开螺旋夹，缓缓打开阀，用样品气经排气管充分置换取样管线内的气体。调节螺旋夹，使气体以 0.5~1L/min 的流量通过吸收器。记录气体的温度。待通过规定量的气样后，关闭取样阀。

2) 分析

（1）标准曲线绘制。

①硫化钠溶液的配制和标定。

取一粒或数粒硫化钠晶体，用少量水洗去表面的变质产物，用滤纸吸干后，称取 0.5g 无色透明的晶体，加入 1g 氢氧化钠，于棕色试剂瓶中用新煮沸并冷却的水溶解后稀释至 500mL。

在一个 250mL 碘量瓶中，用吸量管加入 10.00mL 碘溶液，加入 10mL 盐酸溶液，再用吸量管加入 50.00mL 新配制好的硫化钠溶液，放置 2~3min。用硫代硫酸钠标准滴定溶液滴定。近终点时，加入 2~3mL 淀粉溶液，继续滴定至溶液蓝色消失。另取 50mL 水，按同样的步骤做空白试验。

②标准色阶的配制。

取 6 支比色管，用吸量管向 1~6 号管依次加入 0mL、1mL、2mL、3mL、4mL、6mL 硫化钠溶液。再向各管加入乙酸锌溶液至总体积 40mL，塞上管塞。

将比色管放入 20℃的恒温水浴（或 0℃的冰水浴）中。10min 后，用吸量管加入 5mL N - 二甲基对苯二胺溶液，立即塞上管塞，并轻轻地来回倒置两次。加入 1mL 三氯化铁溶液，塞上管塞，来回倒置两次后，放回原水浴中。20min（若在 0℃显色，应放置 30min）后，将其从水浴中取出，用自来水冲淋比色管 2~3min，用乙酸锌溶液稀释至 50mL 并摇匀。

使用 20mm 比色皿，以 1 号管（空白）溶液作参比，在分光光度计波长 670nm 处测定吸光度。

(2) 样品测定。

将样品吸收液按制作标准曲线的方法显色并测定吸光度。

2. 影响分析结果的主要因素及解决措施

1) 采样

(1) 原因分析：

①吸收速度不符合要求。速度过快，硫化氢吸收不完全，使分析结果偏低。速度过慢，吸收时间过长，不能及时报出分析结果，指导工艺操作。

②吸收器不符合要求。

③取样量不合适。取样量过多或过少，加显色液后溶液颜色过深或过浅，超出标准曲线范围。

(2) 解决措施：

①必须使气体以 0.5~1L/min 的流量通过吸收器。

②吸收器沿鼓泡管球部的一周均匀分布有 4 个直径不大于 0.5mm 的小孔。

③取样前要预测样品中硫化氢含量，然后按规程要求吸取适当样品。

2) 分析

(1) 原因分析：

①显色反应的时间、温度未达到要求。显色时间过长，亚甲蓝发生分解；时间过短，反应不完全，显色温度过低，显色不完全。

②显色后比色管冲淋时间不够，冲淋时间短，比色管温度未达环境温度。

③样品测定时环境温度与绘制工作曲线时不一致，温度对溶液颜色的深浅、光吸收都有影响。

④比色皿未进行校正或比色时的方向错误，引起吸光度变化。

⑤测定时波长错误。

⑥比色皿内溶液量不合适。过少时，光线不能完全透过溶液，吸光度偏低；过多时，溶液溢出，污染比色槽。

⑦结果计算时未进行体积校正。

(2) 解决措施：

①显色温度和时间按要求控制，将吸收器放入 20℃ 的恒温水浴（或 0℃ 的冰水浴）中。10min 后，用吸量管加入 5mL N，N-二甲基对苯二胺溶液，轻轻摇动使混匀后，加入 1mL 三氯化铁溶液，塞上管塞，来回倒置两次后，放回原水浴中显色 20min（若在 0℃ 显色，应放置 30min）。

②显色后比色管冲淋时间应控制在 2~3min。

③在样品测定时环境温度应与绘制工作曲线时保持一致。

④比色前要对比色皿进行校正，比色时，要看清比色皿的方向。

⑤在测定吸光度时要正确选择分光光度计的波长。

⑥比色皿内溶液的量一般控制在比色皿容积的三分之二处。

⑦取样时要记录温度、大气压，计算时要进行体积校正。

(四) 钼蓝法

用钼酸铵溶液吸收气体中的硫化氢，生成钼蓝，测定该蓝色溶液的吸光度，计算气体中硫化氢的含量。

1. 测定过程简述

1）取样和吸收

向吸收器中准确加入 50mL 钼酸铵显色液，用短节胶管将各部分紧密对接，打开螺旋夹，缓缓打开取样阀，让样品气适当排空，以置换取样管线内的气体。调节螺旋夹，使气体以 200～300mL/min 的流量通过吸收器。待吸收液呈现明显蓝色，预计吸光度进入 0.1～0.7 的范围时，关闭取样阀。

2）测定

（1）标准曲线绘制。

①硫化钠溶液的配制和标定同"亚甲蓝法"。

②标准色阶的配制：

取 7 支比色管，用吸量管向其中的 1～7 号管依次加 0mL、1mL、2mL、3mL、4mL、5mL、6mL 硫化钠工作液，并计算各管硫化氢的量。向各管加入 40mL 钼酸铵显色液，立即盖上管塞，将比色管来回倒置两次，放置 20min 后，加入钼酸铵显色液至刻度，摇匀。使用 20mm 比色皿，以 1 号管（空白）溶液作参比，在分光光度计波长 600nm 处测定吸光度。

（2）样品测定。

将吸收器移入室内，于室温下放置 20min，将吸收液注入 20mm 比色皿，以未吸收硫化氢的钼酸铵显色液作参比，在分光光度计波长 600nm 处，测定吸光度。

2. 影响分析结果的主要因素及解决措施

1）采样

（1）原因分析：

①钼酸铵显色液长期放置会影响其对硫化氢的吸收。

②钼酸铵显色液在日光直射下会影响硫化氢的吸收。

③吸收速度不符合要求。速度过快，硫化氢吸收不完全，使分析结果偏低；速度过慢，吸收时间过长，不能及时报出分析结果。

④吸收器玻砂（3 号玻璃砂芯板）不符合要求。玻砂过粗，吸收不完全；玻砂过细，吸收阻力过大，达不到吸收速度要求。

⑤取样量不合适。取样量过多或过少，溶液颜色过深或过浅，超出标准曲线范围。

（2）解决措施：

①钼酸铵显色液在使用前配制。

②在吸收过程中避免日光直射。

③使气体以 200～300mL/min 的流量通过吸收器。

④使用底部为 3 号砂芯板的吸收器。

⑤取样前要预测样品中硫化氢含量，然后按规程要求吸取适当样品。

2）分析

（1）原因分析：

①显色反应的时间未达到要求。显色时间过长，钼蓝发生分解；时间过短，反应不完全。

②结果计算时未进行体积校正。

（2）解决措施：
①在室温下显色时间应严格控制在20min。
②取样时一定要记录温度、大气压，计算结果时要进行体积校正。

第二节　天然气中二氧化碳含量的测定

一、测定天然气中二氧化碳含量的目的、意义及控制指标

在有水存在时，二氧化碳对金属的腐蚀很严重，同时二氧化碳的存在还会降低天然气热值。通常在天然气脱硫过程中将二氧化碳同时脱除。通过对天然气中二氧化碳的分析，指导脱硫单元调整和优化操作，确保产品气质量达到国家标准。

GB 17820—1999《天然气》规定，一类天然气中二氧化碳小于或等于2.0%（体积分数），二类天然气中二氧化碳小于或等于3.0%（体积分数）。天然气净化厂产品气二氧化碳必须达到二类以上标准。

二、测定过程中常见问题及解决措施

目前，天然气净化厂中二氧化碳含量的测定常用方法有气相色谱法（SY/T 6537—2002《天然气净化厂气体及溶液分析方法》）和氢氧化钡法（SY/T 7506—1996《天然气中二氧化碳含量的测定　氢氧化钡法》）两种。

（一）气相色谱法

本方法与天然气中硫化氢含量的测定（气相色谱法）相同，本节不再重复介绍。

（二）氢氧化钡法

用准确、过量的氢氧化钡溶液吸收气样中的二氧化碳，生成碳酸钡沉淀，剩余的氢氧化钡用苯二甲酸氢钾标准滴定溶液滴定。根据苯二甲酸氢钾标准滴定溶液的消耗量计算气样中二氧化碳的含量。

1. 测定过程简述

1）采样

（1）二氧化碳含量高于1%的气体。

用短节胶管依次将取样阀、定量管、转子流量计和碱洗瓶（内装20%氢氧化钠溶液）连接。打开定量管活塞，缓缓打开取样阀，使气体以1~2L/min的流量通过定量管，待通过体积等于10~20倍定量管容量的气体后，依次关闭取样阀和定量管活塞，取下定量管。

（2）二氧化碳含量低于1%的气体。

取样和吸收同时进行。

2）分析

（1）吸收。

①二氧化碳含量高于1%的气体。

在硫化氢吸收器中加入30mL硫酸铜溶液，依次用短节胶管连接各部分，接通氮气源，缓缓打开针形阀，以0.5L/min的流量通氮气5min，停止通气。向二氧化碳吸收器中加入50mL氢氧化钡溶液，将取好气样的定量管连接到吸收装置，打开出口和入口活塞，用针形

阀调节氮气流量，使之在二氧化碳吸收器中形成 30～50mm 高的泡沫层。继续通气，待通入 10 倍于定量管加稀释管总容量的气量后，降低气体流量至吸收器底部每分钟仅通过 20～30 个气泡，待滴定。

②二氧化碳含量低于1%的气体。

在硫化氢吸收器中加入 30mL 硫酸铜溶液，依次用短节胶管将各部分连接，接通氮气源，缓缓打开针形阀，以 0.5L/min 的流量通氮气 5min，停止通气。记录流量计读数作为初始读数。向二氧化碳吸收器中加入 50mL 氢氧化钡溶液，打开取样阀，适当排空后，将针形阀入口同取样阀出口连接，打开针形阀，再缓缓打开取样阀，让样品气体通过吸收装置，通气速度以二氧化碳吸收器中形成 30～50mm 高的泡沫层为宜。待通过规定的气量后，停止通气。再次接通氮气源，通气 2～3min，降低流速，待滴定。

（2）滴定。

取下二氧化碳吸收器的胶塞，加入 80mL 无二氧化碳的水及 3～4 滴酚酞指示剂，让吸收器成 80° 倾斜，用苯二甲酸氢钾标准滴定溶液缓缓滴定至试液红色消失，用注射器取 30mL 无二氧化碳的水经二氧化碳吸收器的气体入口胶管缓缓注入，继续滴定至溶液红色消失，记录滴定液耗量，按同样的步骤做空白试验。

2. 影响分析结果的主要因素及解决措施

1）采样

（1）原因分析：

①在对二氧化碳含量低于1%的气体进行吸收时，吸收速度不符合要求。速度过快，二氧化碳吸收不完全，使分析结果偏低；速度过慢，吸收时间过长，不能及时报出分析结果。

②吸收系统内空气未赶尽，空气中的二氧化碳被氢氧化钡溶液吸收。

③吸收器玻孔不符合要求。玻孔孔径过大，硫化氢吸收不完全，其穿透后被氢氧化钡溶液吸收，使测定结果偏高；孔径过小，吸收阻力过大，达不到吸收速度要求。

④吸收器玻砂不符合要求。玻砂过粗，吸收不完全；玻砂过细，吸收阻力过大，达不到吸收速度要求。

⑤取样量过多或过少。

（2）解决措施：

①通气速度以在二氧化碳吸收器中形成 30～50mm 高的泡沫为宜。

②向吸收器内加入氢氧化钡溶液之前，应以 0.5L/min 通氮气 5min。

③吸收器玻孔一定要选用内附玻璃孔板，板上均匀分布 20 个直径 0.5～1mm 的小孔。

④使用底部为 3 号砂芯板的吸收器。

⑤每次要预计试样用量，然后按规程要求吸取适当样品。

2）分析

（1）原因分析：

①硫酸铜溶液用量不够，使硫化氢不能完全被硫酸铜溶液吸收，穿透后被氢氧化钡溶液吸收，使测定结果偏高。

②空气中的二氧化碳被氢氧化钡溶液吸收，使苯二甲酸氢钾滴定液耗量增加。

③滴定过程中，滴定液与吸收器壁上沉淀物接触，使苯二甲酸氢钾标准滴定溶液耗量增加。

④滴定过程中，氮气流速过快，反应不完全，指示剂提前变色。

⑤结果计算时未进行体积校正。

（2）解决措施：

①吸收过程要预先估算好样品中硫化氢含量，用于吸收硫化氢的硫酸铜溶液必须过量，使样品中的硫化氢被完全吸收。

②滴定过程应在氮气吹扫下进行。

③在滴定过程中，应防止滴定液与吸收器壁上沉淀物接触。

④在滴定过程中，控制氮气流速，使气泡小于每分钟30个气泡。

⑤取样时一定要记录温度、大气压，计算结果时要进行体积校正。

第三节　天然气中总硫含量的测定

一、测定天然气中总硫含量的目的、意义及控制指标

通过对产品气总硫的测定，分析装置脱硫的效率，并为脱硫装置操作提供指导，确保产品气达到 GB 17820—1999《天然气》标准。

GB 17820—1999《天然气》规定，一类天然气中总硫（以硫计）小于或等于 $60mg/m^3$，二类天然气中总硫小于或等于 $200mg/m^3$。天然气净化厂产品气总硫必须达到二类以上标准。

二、分析方法

目前，天然气中总硫含量测定的方法有：氧化微库仑法（GB/T 11061—1997《天然气中总硫的测定　氧化微库仑法》）、氢解—速率计比色法（GB/T 19207—2003《天然气中总硫的测定　氢解—速率计比色法》）、荧光法等。其中氧化微库仑法是天然气净化厂普遍采用的方法，因此本节只介绍氧化微库仑法。

含硫天然气在 $900 \pm 20℃$ 的石英转化管中与氧气混合燃烧，硫转化成二氧化硫，随氮气进入滴定池与碘发生反应，消耗的碘由电解碘化钾得到补充。根据法拉第电解定律，由电解所消耗的电量计算出样品中硫的含量，并用标准样进行校正。

三、测定过程简述

（一）采样

用样品气体充分吹扫取样管线。利用样品气体的压力冲洗注射器4~5次后取样。

（二）分析

1. 仪器准备

按照说明书安装仪器，并接好氮气和氧气管线，将转化炉燃烧区温度控制在 $900 \pm 20℃$，预热区和出口控制在 $800 \pm 20℃$（如果转化炉只有一段温度控制，则将其控制在 $900 \pm 20℃$）。每天试验前应向滴定池加入新鲜电解液，使液面高出电极 5~10mm。连续测定4h后更换一次电解液，也可根据试验情况随时更换。

更换进样口上的硅橡胶垫，并将氮气和氧气流量分别调至 160mL/min 和 40 mL/min。然后开启电磁搅拌器，调节搅拌速度，使电解液中产生轻微的旋涡。

2. 测定硫的转化率

剧烈摇动气体标准样瓶20~25min，用气体标准样洗注射器4~5次后取样。取样时应

让瓶内的气体压力将注射器芯子推到所需刻度，然后插入仪器进样口，使每毫升样品在 5～7s 内进完。进样量一般为 0.25～5mL。

对于液体标准样，进样体积需用差减法计算。

样品进注完后，通过数据处理系统自动得出硫的转化率，重复测定至少 3 次，取平均值。

3. 样品测定

按测定气体标准样同样的方法测定样品，通过数据处理系统直接可得样品中总硫含量。

四、影响分析结果的主要因素及解决措施

（1）原因分析：

①硫分析仪系统的转化率与分析结果的准确度存在直接的关系。当转化率太低时，分析结果偏低；当转化率太高时，分析结果偏高。

②进样速度不合适。进样速度的快慢、含硫样品燃烧完全与否，直接影响分析结果的准确度。进样速度太慢，虽燃烧完全，但易造成扁平峰；进样速度太快，燃烧不完全，分析结果偏低，且严重污染石英管出口和滴定池。

③电解液失效或效率不好，使样品电解不完全，测定结果偏低。

④电解液量不够，使样品电解不完全，测定结果偏低。

⑤氧气和氮气比例失当。氧气过高易产生爆燃和二次燃烧；氧气过低燃烧不完全，测定结果偏低。

⑥转化炉温度控制不当。温度过低，燃烧不完全，测定结果偏低。

⑦滴定池两臂有气泡，影响仪器测定。

（2）解决措施：

①在每次分析天然气总硫之前，必须测定仪器的转化率，转化率应在 75%～120%。

②控制好进样速度，每微升液体标样和气体标样在 5～7s 内进完。

③每天实验前更换新鲜电解液，连续测定 4h 后更换一次，也可根据试验情况随时更换。

④电解液应高出电极 5～10mm。

⑤调整氧气和氮气比例，使石英管燃烧状况达到最佳，氧气和氮气通常按 1:4 比例调节。

⑥控制好燃烧温度，通常转化炉燃烧区温度控制在 900±20℃，预热区和出口控制在 800±20℃（如果转化炉只有一段温度控制，则将其控制在 900±20℃）。

⑦排除滴定池臂的气泡。

五、氧化微库仑仪常见故障判断及排除

氧化微库仑仪常见故障分为仪器和化学测试两个部分。

（一）仪器故障

1. 裂解炉不升温或超温

（1）原因分析：

①炉丝发红而显示器显示不升温或显示器显示温度很高但炉丝不红，一般是热电偶损坏或温度控制器损坏。

②显示器显示温度很低且炉丝不红，当确定裂解炉熔断丝未断且 220V 交流电已加到电

炉丝上（固态继电器也可能损坏）则表示某一段电炉丝烧断。

③裂解炉超温常常是固态继电器损坏或热电偶损坏。

（2）解决措施：

①更换热电偶或温度控制器。

②更换电炉丝。

③更换固态继电器或热电偶。

2. 搅拌器不搅拌

（1）原因分析：

①搅拌器电源的熔断丝断。

②搅拌器转动磁体脱落。

③调节电位器损坏。

（2）解决措施：

①更换搅拌器电源熔断丝。

②修复搅拌器转动磁体。

③更换调节电位器。

3. 主机故障

1）基线漂移或有毛刺

（1）原因分析：

①未接地线，或地线接触不良。

②测量、参考两电极引线虚焊、氧化、断开等。

③干簧继电器老化，内部接触不良。

（2）解决措施：

①接好地线。

②除去氧化层，焊接好两臂电极。

③更换干簧继电器。

2）放大器无电解电流

（1）原因分析：

"参考"、"测量"、"阴极"、"阳极"四根电极线中的屏蔽线与信号线发生了短路。

（2）解决措施：排除短路故障。

3）打印机不打印

（1）原因分析：

①打印机电源及打印电缆未连接好。

②打印机驱动程序不正确，打印机未设为默认打印机。

（2）解决措施：

①连接好打印机电源及打印电缆。

②重装打印机驱动程序，将打印机设为默认打印机。

4）流量控制系统故障

（1）原因分析：

①管路漏气；管道有杂质。

②气源接错。

(2) 解决措施:
①找出泄漏点,排除漏气故障;清洗管道。
②正确连接气源。
5) 偏压
(1) 原因分析:
①参考电极与测量电极短路。
②参考电极与测量电极开路。
(2) 解决措施:
①排除短路故障。
②排除开路故障。

(二) 化学测试故障

1. 基线有噪声
(1) 原因分析:
①偏压太高。
②增益太高或采样电阻过大。
③池侧壁有气泡。
④搅拌速度太快,搅拌子碰壁。
⑤池帽氧化或屏蔽箱接地不良。
⑥电解液受污染或电解液太少。
(2) 解决措施:
①调整偏压。
②降低增益或采样电阻。
③排除池侧壁气泡。
④降低搅拌速度。
⑤清除池帽氧化层,屏蔽箱良好接地。
⑥更换或添加电解液。

2. 基线下漂
(1) 原因分析:
①电解液水质不好。
②气体不清洁。
③搅拌子不转。
④参考—测量电极接反。
(2) 解决措施:
①用符合规定的水配制电解液。
②更换载气。
③检查搅拌器,调整搅拌速度。
④正确连接电极。

3. 拖尾
(1) 原因分析:
①偏压太低。

②增益太小。
③加热带不热。
④进样速度太慢。
⑤出口段温度偏低。
⑥反应气、载气比例不当。
⑦样品吸附在石英管上。
⑧进样量太少。
（2）解决措施：
①升高偏压使基线到合适位置。
②增加增益使峰值适当。
③检查加热带，排除故障。
④按规定速度进样。
⑤升高出口段温度到规定值。
⑥调节反应气、载气比例为1:4。
⑦升高燃烧温度、增大载气流速空烧30min；清洗或更换石英管。
⑧加大进样量。

4．超调
（1）原因分析：
①偏压太高。
②增益太高或采样电阻过大。
③搅拌速度太慢。
④载气流量太大。
⑤系统漏气。
⑥进样量太大。
（2）解决措施：
①降低偏压使峰形在适当位置。
②降低增益或采样电阻使峰形在适当位置。
③增大搅拌速度。
④降低载气流量。
⑤检查气路系统，排除漏气。
⑥减少进样量。

5．双峰
（1）原因分析：
①出口段温度太低。
②加热带接触不好。
③环境温度过低。
④进样速度不均匀。
（2）解决措施：
①升高出口段温度到规定值。
②连接好加热带。

③调节环境温度。
④匀速进样。

6. 转化率偏低

(1) 原因分析：
①偏压太低或太高。
②增益不够。
③氧气流量太高或载气流量太低。
④裂解系统或注射器漏气。
⑤炉区加热温度偏低。
⑥石英管失去光泽，吸附严重。
⑦裂解管或电解池积炭。

(2) 解决措施：
①调节偏压。
②增加增益。
③调节氧气流量或载气流量。
④裂解系统或注射器检漏。
⑤提高炉区加热温度。
⑥更换石英管。
⑦裂解管和电解池除炭或更换。

7. 转化率偏高

(1) 原因分析：
①增益太高。
②偏压太高或太低。
③硅胶垫污染。

(2) 解决措施：
①降低增益。
②调整偏压。
③更换硅胶垫。

8. 结果不重复

(1) 原因分析：
①样品不均匀。
②进样针或系统漏气。
③炉温波动。
④参比电极失效。
⑤硅胶垫漏气。
⑥电解液太少或失效。

(2) 解决措施：
①混匀样品。
②进样针或系统检漏。
③检查并维修裂解炉。

④更换参比电极。
⑤更换硅胶垫。
⑥添加或更换电解液。

六、氧化微库仑仪的保养和维护

（一）石英转化管的日常维护

（1）每次做完样，应加大氧气流量为 150mL/min，同时将各段温度提升 50℃以上。空烧 15min 后再关机，待降温后再关闭气源。

（2）当样品含量高或燃烧未完全，在石英转化管出口部位有结炭，可加大氧气流量。拉动转化管，让出口部位在裂解炉的燃烧段高温加热。

（3）转化管污染严重时，可互换氮气、氧气的通路，同时提升各段的温度并加大氧气流量进行反烧 30min。注意：反烧状态应悬挂标记，切不可进样，否则将使针尖熔融在转化管内，造成严重的污染。

（4）倘若经上述处理，仍不能满足要求，需将石英转化管用新鲜的热铬酸洗液反复洗涤，直至洗净为止。

①向 250mL 烧杯中注入 150mL 新鲜的 3%～5%铬酸洗液，置电炉上加热至 100℃左右。
②用脱硫乳胶管封住转化管的出口。将石英管的进口端包括氮气和氧气的入口浸没在洗液中。并用铁架台夹持好石英管。
③用洗耳球将洗液吸入管内，至尽量充满全管为止（切忌将洗液吸至乳胶管内）；压缩洗耳球，使洗液重新流入烧杯中，如此反复吸放冲洗约 15min。
④换新洗液，重复上述操作。放出洗液，用自来水反复冲洗石英管内外壁约数十次，再用蒸馏水洗涤，直至彻底洗涤干净为止。
⑤再用蒸馏水浸泡石英转化管 24h 以上，沥干水滴备用。

（5）石英转化管的预处理。

①将洗净的石英管插入裂解炉中，升温至 100℃，同时接通气源，吹干石英管后，在进样口处装上硅胶垫。
②升温，每升高 100℃恒温 30min，直至各段温度升高至工作温度 50℃以上为止。
③最后将各段温度降回至工作温度。

（6）如果石英转化管的转化率低于 70%，经上述处理仍不能解决，必须更换新的石英转化管。

（二）滴定池的日常维护

（1）关机前必须将滴定池与转化管脱开，否则降温后电解液倒吸进转化管，将严重污染转化管。

（2）每次做完样后，必须换上新鲜的电解液，以免残留样品对电极污染。

（3）定硫池铂片电极的清洁。

①将铂片电极平铺在滤纸上，用脱脂棉沾无水乙醇或丙酮小心擦拭干净，然后用蒸馏水冲洗，再用滤纸擦干，最后浸泡在电解液中 7~8h 以上。
②污染严重的铂电极可放在酒精灯外焰上烧至暗红（注意先加热玻璃部分，防止爆裂），再重复上述两步骤即可。

（4）滴定池进样毛细管的清洗。

①轻微污染时可用丙酮滴注毛细管，严重污染需用热洗液滴注毛细管。但无论是丙酮还是洗液均不可污染到参比侧臂，否则重装电解池。

②用蒸馏水滴注洗毛细管，最后用电解液清洗。

（5）如果滴定池经上述处理仍不能满足要求，需将滴定池重新清洗，重新安装。

第四节　天然气中水含量的测定

一、测定天然气中水含量的目的、意义及控制指标

液体水分的存在，会减小管道和设备的通气截面，从而加大输送压力损失，降低输送和处理能力。原料天然气中的游离水，还会稀释和污染脱硫溶液。并在一定压力下与烷烃分子形成类似冰和雪的固体水化物而堵塞管道和设备。有液体水分存在时，天然气中的酸性气体会使金属产生严重腐蚀，并可能因腐蚀而引起管线和设备发生爆炸。因此要对天然气中的水含量进行测定，使通过净化后的天然气中水含量达到管输要求。

产品气水露点是天然气气质标准的重要指标。通过分析产品气中水含量，可计算出产品气水露点，确保产品气质量达到标准要求，并可为脱水操作提供重要指导。

GB 17820—1999《天然气》规定，在天然气交接点的压力和温度条件下，天然气的水露点应比最低环境温度低5℃。

二、测定过程中常见问题及解决措施

目前，天然气中水含量测定的方法：五氧化二磷（P_2O_5）吸收重量法、电解法（SY/T 7507—1997《天然气中水含量的测定电解法》）、冷却镜面凝析湿度计法（GB/T 17283—1998《天然气水露点的测定冷却镜面凝析湿度计法》）等。

（一）五氧化二磷（P_2O_5）吸收重量法

由于五氧化二磷（P_2O_5）吸收重量法难于操作并存在较大分析误差，在此不再进行论述。

（二）电解法

气样以一定的恒速通过电解池，其水分被电解池内作为吸湿剂的五氧化二磷膜层吸收，生成亚磷酸，然后被电解为氢气和氧气排出，而五氧化二磷得以再生。电解电流的大小正比于气样中的水含量，因此可用电解电流来度量气样中的水含量。

1. 测定过程简述

（1）连接气路系统与水分测定仪，将水分测定仪的干燥器换上干燥好的球形5A分子筛。测定系统的气密性应良好。

（2）电解池干燥：仪器控制阀置于"干燥"，缓慢开启测定流量阀，导入经干燥器干燥的氮气，以20mL/min的流量干燥电解池。

（3）调节旁通流量为1L/min左右，将量程开关置于"1000×10^{-6}"。

（4）将仪器控制阀置于"测量"，根据样品中的水分含量，选用合适的测定流量。

（5）将仪器控制阀置于"干燥"，调节旁通流量阀，使测定流量恒定在选定的值，待仪器

示值低于 15×10^{-6} 并稳定（10min 内变化量小于 0.5×10^{-6}）后，读取本底值，并作记录。

（6）将仪器控制阀置于"测量"，调节测定流量到要求的流量，并保持稳定，同时用皂膜流量计精确测定流量（修约到小数点后一位）。当仪器示值恒定 10~15 min 后，读取测定值，并记录温度及大气压，取连续两次测定结果的平均值作为最终分析结果。

2. 测定过程中常见的问题及解决措施

1）测定结果偏高

（1）原因分析：未扣除仪器的本底值。

（2）解决措施：测定时应扣除仪器的本底值。

2）仪器读数不稳

（1）原因分析：

①仪器气路系统漏气。

②电解池潮湿。

③气流不稳定。

（2）解决措施：

①检查仪器是否漏气，检查气路系统的气密性，对漏气处进行处理。

②对电解池进行干燥处理。

③增加稳流阀进行控制，保持气流稳定。为保证供气压力不高于 0.1MPa（表压），操作过程中应当按正确的步骤操作气源开关和仪器的阀门，防止使用过程中仪器内部压力超压、产生憋压而使流量不稳或漏气。在操作过程中必须做到：凡开启供气或中途增大供气总量时，必须先将旁通流量阀逆时针开启，旁通气路处于敞开状态，然后开启减压供气阀，且供气总量小于 1.11L/min，最后再适当调节仪器面板上的旁通流量阀或测量流量阀，以达到各自需要的流量；中途减少供气流量时，必须先关小减压阀，至达到适当而稳定的总流量，不能通过同时关小旁通和测量流量阀来达到目的；由于仪器气路系统具有一定的阻尼，对减压阀的调节一定要缓慢，每一次调节都必须要等待流量上升（下降）稳定之后，根据需要做进一步调节。

3. 微量水分分析仪的保养和维护

1）流量计的标定和清洗

（1）测量流量准确与否，直接影响仪器的测量结果。

（2）标定方法。

安装好皂膜流量计，并通过乳胶管与仪器"测排"口连接，肥皂水液面的高低要刚好不堵截箭头气流方向。

开启测量流量阀，使测量流量计浮子高度稳定在适当值 h（mm），此时气流按箭头所示的方向流通。用手轻轻捏挤一下皮头，由于液面瞬间上升堵截气流，在滴定管内产生一个皂膜由下往上推移，同时用秒表记录皂膜在滴定管内推移体积 V（mL）所用的时间 t（s）（重复测三次取平均值），便可按下式计算出相应于浮子高度 h（mm）的流量 Q（mL/min）：

$$Q = \frac{60V}{t}$$

调节测量流量阀，改变测量流量计的浮子高度为 h_1、h_2……用同样方法分别测出相应的流量 Q_1、Q_2……然后在直角坐标系中以 h 值为纵坐标、相应的 Q 值为横坐标找出各对应点，顺次连各点成平滑曲线。根据此线，便可找出与所需流量 Q_n 相应的浮子高度 h_n。

注意事项：

①测试之前因滴定管内壁干燥，皂膜易破裂，为此可先使流量较大（如使浮子高为 60mm 左右）并连续发生皂膜，达到润湿滴定管内壁的目的。

②肥皂水或洗净剂液的浓度以皂膜刚好不易破裂为宜，太浓则气阻大，影响精度。

③标定时控制阀置于"测量"，仪器必须同时通电，介质最好经过外接干燥器干燥后通入仪器。

（3）旁通流量计一般不用皂膜流量计标定，可用其他方法（如用湿式流量计）标定。在介质条件（指密度、粘度等）相差不大的情况下，也可直接查阅所附曲线。

（4）流量计的清洗。不清洁的气样往往污染流量计，出现浮子浮动不灵活、粘滞或虽然流量稳定，而浮子缓慢上下波动等现象，此时需清洗流量计。先揭开仪器上罩，取下流量计的进气管和排气管，将仪器倒立，使面板朝下（须用软物垫好，勿使阀件旋钮受力），用滴管将清洁的无水乙醇从进气端缓缓注入，至另一端有无水乙醇溢出时，静止 10min，用气流（或用气囊）从进气端吹气，至排干无水乙醇（用吸湿物吸收溢出的无水乙醇），用稍大的气流吹干，然后接好气路管道。

注意事项：

①浮子材料通常为有机玻璃，不应使用丙酮之类易溶胀浮子的溶剂清洗流量计。

②应避免流量计受大气流的猛烈冲击，否则浮子易变形而损坏。

2）电解池的清洗与涂敷

电解池在一次清洗涂敷后，使用时间的长短与气样的清洁状况、水分范围及操作正确与否等因素有关。发现仪器显示不正常，除检查各连接管道、阀件、接头是否密封或堵塞以及流量是否正确外，重要的就是检查电解池是否正常。对于不正常的电解池除非因断裂或铂电极直接相碰外，一般都可经清洗涂敷后继续使用。即使仪器工作一直正常，当电解池一次涂敷后的使用时间累计达三个月左右时，也应定期作再生处理。

（1）电解池的检查：电源开关置于"关"，用指针式万用表（×100Ω 挡）的表笔与后面板上标有"电解池检查"的两个接线柱相接，若万用表指针从低阻值明显地向高阻值逐渐变化，或者当调换万用表表笔方向时，万用表指针分别指向"∞"与"0"，则称为有充电现象，证明电解池是正常的；若万用表指针立刻稳定于某一固定阻值（通常为几十至几百欧），则称无充电现象，需要清洗涂敷或者更换。有充电现象的电解池如果污染严重也应清洗。

（2）清洗：揭开仪器上罩，取下电解池的进气管和排气管，揭开电解池筒盖板（不允许拧动固定电解池接头的螺丝），小心取下电解池，透过池壁可以清楚地看到池内聚积的褐色污物，尤其在进气端更为明显。在清洗过程中，应将较脏的一端作为排液端。

先用蒸馏水淋洗 10min，再用浓盐酸连续流经电解池，于电解池两端异极之间通过调压器缓慢加交流电压，至电解池排酸端发生细沫状气泡为宜，通常是 2~15V，有时可能高达二十余伏。电压过高以及酸流中断均易烧坏电解池。由于电解池两端的洗涤效果不同，几分钟后可根据需要调换酸液的进出方向。经过这一处理，电极上的污物即可除掉，然后用蒸馏水淋洗 2h，最后用清洁干燥的小气流吹干，立即测量，绝缘应不低于 $10^6\Omega$。

注意事项：

①为减少电极的溶蚀，通电时间一般不多于 3min。

②所有软管最好使用聚氯乙烯管，切忌使用乳胶管。为使液体流畅，软管应尽量长一些，以增加落差，出现液流停滞时，可挤捏软管，也可在分液漏斗上部通过洗耳球或气囊适

当加压。

（3）涂敷：用滴管将10%的磷酸溶液（用分析纯磷酸和蒸馏水按体积比1:9配制）从一端注入，酸量以充满此端的空玻管部分并稍过量一点为宜。按某一方向以较慢的速度旋转池体，让酸液沿池壁流动至距另一端的铂丝末端处约10~15mm为止，然后反方向以极慢的速度旋转，把多余的酸液从注入端排出（用滤纸条吸收），再用蒸馏水洗涤该端无铂丝部分的玻璃管内壁，方法是用一小烧杯盛满蒸馏水，倒立电解池使欲清洗端缓慢插入水中，让水面沿玻璃管内壁渐渐上升，至接近铂丝时迅速提起池体，用滤纸条吸净玻璃管内的水柱，如此反复三次，最后用滤纸条吸净内壁沾的水珠。如果另一端无铂丝部分的玻璃管内壁也染有磷酸，则按同法处理。涂敷后的电解池内不应有磷酸液柱残存。

注意事项：为使涂层薄而均匀，当反方向旋转电解池以排除多余酸液时，旋转速度一定要尽可能缓慢，若因有"气栓"而酸液停滞不动时，可用气囊轻轻推动一下。

（4）脱水：为缩短干燥时间，避免酸液吹进管道，用抽真空的方法脱除池内的大量水分，使磷酸涂层得以浓缩。将电解池的加液端通过一隔离器与真空泵连接，另一端封死，开动真空泵2h，然后仔细检查电解池两端的空玻璃管内壁是否沾有酸液，如有酸液，应按前述方法清洗干净。隔离器可防止酸液和水汽进入真空泵，也可防止泵内的油雾进入电解池。可使用抽速为0.5~4L/s的机械泵，全部连接可用乳胶管套接方式，但应使被连接的两部分尽量靠近，以免因胶管塌陷而截断通道。当停止抽气或中途停电时，应立即取下电解池以防泵内油液倒吸。隔离器内可填装铝胶或5A分子筛。

安装电解池时，如盖板上两接头间的距离不适当，可先作调整并紧固好。应以加液端作为排气端。

3）干燥剂的活化处理

仪器采用5A型分子筛（球形，直径2~3mm）为干燥剂，装入不锈钢圆筒作为内干燥器。干燥剂的使用周期与气样含水量及吹扫流量有关。如果按操作步骤长时间干燥不到$5\mu L/L$以下（氢、氧例外），主要原因之一可能就是干燥剂已失效，需作活化处理。取出分子筛盛入一瓷皿中，在高温炉内于500℃下恒温4h，至炉温缓慢下降至300℃时，趁热迅速装填，紧固好法兰并冷却至常温后装接在仪器上。在装填分子筛之前，应该以带有密封垫的防尘帽将干燥器两端的接嘴密封好。

4）仪器的气密性及试漏方法

仪器内部的气路系统以及仪器外部的取样系统的气密性，对测量结果直接有关，尤其是对低含水量的测量，因此装接取样系统、电解池或其他部件时，应检查有关部分的气密性，根据该仪器的特点，可采用水柱压差计试漏。方法是将待试部分与玻璃三通管连接，开启活塞并用打气球缓慢加压，使U形管内两臂的液面高差达150mm以上，立即关闭活塞，30s后观察液面高差的变化。

5）气路系统管道为$\phi 4mm \times 2mm$的聚四氟乙烯管，若内壁沾污，可拆下用适当的溶剂清洗，并用气流吹干后安装。喇叭口部若有损坏，可切去少量后用扩口器扩成。当气温低于15℃时，为了不发生裂口，扩口前应先将管道和扩口器用电吹风稍加热。

6）两个流量调节阀是针型阀，旋动时须缓慢轻动。由于各个流量计的起始流量不同，浮子未起浮并不等于没有气流，所以关闭流量时应按顺时针方向旋动阀针至感到稍紧为止，切忌旋动过度，以免损坏阀件。流量阀使用一段时间后，由于磨损而逐渐松动，以致轻轻触动旋钮，流量即大幅跳动，严重时还可能漏气。此时可揭开仪器上罩，不必取下流量阀，先按反时针退出阀针（旋3~4周），用扳钳按反时针方向旋松紧固螺母（反螺纹），然后按反时针方向旋阀帽（反螺纹），此时定位螺帽也一起前进，同时用手来回旋动针型阀至松紧适当为止，旋紧紧固螺母即可。

（三）冷却镜面凝析湿度计法

用于天然气水露点测定的湿度计是通过检测湿度计冷却镜面上的水蒸气，凝析物或检查镜面上凝析物的稳定性来测定水露点。

露点仪是通过测定气体相对应的水露点来计算气体中的水含量。用于水露点测定的湿度计通常带有一个镜面（一般为金属镜面），当样品气流经该镜面时，其温度可以人为降低并且可准确测量。镜面温度被冷却至有凝析物产生时，可观察到镜面上开始结露。

当低于此温度时，凝析物会随时间延长逐渐增加；高于此温度时，凝析物则减少直至消失，此时的镜面温度即为通过仪器的被测气体的露点。

1．测定过程中常见的问题及解决措施

1）仪器读数不稳

（1）原因分析：样品气流不稳。

（2）解决措施：检查是否漏气，调节样品气流速为200mL/min。

2）仪器无显示

（1）原因分析：气路堵塞。

（2）解决措施：检查气路系统，疏通管路。

3）当样品气中含有醇类杂质时会使测定结果偏高

（1）原因分析：醇类杂质干扰水露点的测定。

（2）解决措施：在露点仪前加装除醇装置。

2．露点仪的保养和维护

以 KLY-2 型快速露点仪为例。

（1）现场条件：必须将仪器安装到现场，与取样点尽可能接近；环境应无腐蚀性气体，仪器安装台面应水平稳固，无强烈震动，以保证流量计正常工作。

（2）测定时，对仪器供气必须缓慢，切忌气流突然冲击，否则易使流量计浮子变形损坏，待样品气流量稳定后再开仪器电源，稳定10min左右读数。

（3）测定结束后，断开气源和电源，并在仪器进气口和排气口盖上防护罩。

（4）若仪器用于在线监测，可一直维持通气、通电状态，或保持气流而关闭电源，待需要读数10min前开启电源进行测定。

（5）若是间断测量，则在测量读数完后即可切断气源和电源，并在仪器进气口和排气口加防尘帽。

（6）使用完仪器后，做好清洁卫生和仪器使用记录。

第五节 酸气中硫化氢、二氧化碳、烃和永久性气体含量的测定

一、测定酸气中硫化氢、二氧化碳、烃和永久性气体含量的目的和意义

通过对酸气中硫化氢、二氧化碳、烃和永久性气体含量的分析，可有效指导硫黄回收装

置克劳斯反应配风操作,其分析数据也可供脱硫操作提供重要参考。

二、分析方法

天然气净化装置酸气中硫化氢、二氧化碳及烃和永久性气体含量的测定方法有气相色谱法(SY/T 6537)和化学分析法(SY/T 6537)。气相色谱法前面已作详细介绍,这里着重介绍化学分析法。

用氢氧化钾溶液吸收干酸气样品中的硫化氢和二氧化碳,计量残余气体的总体积,得到烃和永久性气体的总含量;用乙酸锌溶液吸收干酸气样品中的硫化氢,再按碘量法测定并计算酸气中的硫化氢含量,二氧化碳含量按差减计算得到。

三、测定过程简述

(一) 采样

参照本章第一节"天然气中硫化氢含量的测定"中采样部分。

(二) 分析

1. 烃和永久性气体总含量测定

分别用胶塞和胶管将量管、水准瓶和吸收瓶三部分连接,在进样口处套上医用胶塞。打开量管的活塞,经水准瓶加入适量氢氧化钾溶液。提高水准瓶,让碱液缓缓地进入量管,使水准瓶内液面对准量管刻度上线,待量管内液面也达到刻度上线时,关闭二通活塞,放下水准瓶。

确认系统不漏气后,将取好的样品气调至100mL后立即缓缓注入吸收瓶中,再次取样和进样,直至所收集的烃类气体达到5~10mL为止。

进完样后,保持装置连接口处于下方并被液封的情况下将吸收装置来回倒置并摇动,直至量管中的气体体积不再减少为止。提高水准瓶使瓶内液面同量管内液面等高度,读取量管内所收集气体的体积。

2. 硫化氢含量测定

用一个250mL锥形瓶作吸收瓶,加入50mL乙酸锌吸收液,用50mL或100mL注射器经紧靠弹簧夹的胶管刺入,多次抽出吸收瓶中的空气,每次抽出30~50mL空气,待抽出气体的总量达到约150mL后,停止抽气。依次打开弹簧夹和定量管的出入口活塞,使空气通过毛细管节流后缓缓进入,并将样品顶入吸收瓶。待停止进气后迅速夹上弹簧夹,取下定量管。强烈摇动吸收瓶1min,取下胶塞滴定。

用吸量管向吸收瓶中加入20mL碘溶液,加入10mL盐酸溶液,摇匀。待反应1min后,用硫代硫酸钠标准滴定溶液滴定,近终点时,加入1~2mL淀粉指示液,继续滴定至溶液蓝色消失,按同样的步骤做空白试验。

3. 二氧化碳含量测定

按差减法计算得到二氧化碳含量。

四、影响分析结果的主要因素及解决措施

(一) 采样

参照本章第一节"天然气中硫化氢含量的测定"中采样部分。

（二）分析

1. 烃和永久性气体总含量测定

（1）原因分析：

①样品用量不合适。

②气体量管不准确。

③气体量管漏气。

④读数时水准瓶内液面同量管内液面高度不一致。

（2）解决措施：

①样品用量取决于酸气中烃含量，为提高计量准确度，每次分析所收集烃类气体的总含量不应少于5mL。

②测定前需对气体量管进行检定。

③对气体量管进行气密性检查。

④读数时提高水准瓶使瓶内液面同量管内液面高度一致。

2. 硫化氢含量测定

（1）原因分析：

①定量管内样品气未平衡大气压或平衡大气压时间过长。

②定量管两端玻璃管中多余的样品气未吹出，样品量比理论值多。

③吸收瓶抽出气体不够，致使瓶内未形成足够负压，样品吸收不完全。

④样品气吸收不完全。

（2）解决措施：

①在测定前，将定量管的一个活塞打开1~2s后立即关上。

②在测定前，用洗耳球吹出可能滞留在两端玻璃管中多余的样品气。

③用50mL或100mL注射器经紧靠弹簧夹的胶管刺入，多次抽出吸收瓶中的空气，每次抽出30~50mL空气，至抽出气体的总量达到约150mL。

④待停止进气后迅速夹上弹簧夹，取下定量管，强烈摇动吸收瓶1min。

第六节 硫黄回收过程气中硫化氢和二氧化硫含量的测定

一、测定硫黄回收过程气中硫化氢和二氧化硫的目的和意义

通过对硫黄回收过程气中硫化氢和二氧化硫含量的分析，可有效指导硫黄回收装置克劳斯反应精确配风操作。

二、分析方法

天然气净化厂硫黄回收过程气中硫化氢和二氧化硫含量的测定方法有气相色谱法（SY/T 6537）和化学分析法（SY/T 6537）。气相色谱法前面已作详细介绍，这里着重介绍化学分析法。

用过氧化氢溶液吸收气体中的二氧化硫生成硫酸，用硫酸银溶液吸收气体中的硫化氢生成硫化银沉淀和硫酸。用氢氧化钠标准滴定溶液分别滴定生成的硫酸，计算气样中二氧化硫

和硫化氢的含量。

三、测定过程简述

（一）采样

取样前先用真空泵将稀释瓶抽空至 20～50kPa。安装取样装置，打开弹簧夹，让其排放样品气，同时用洁净干燥的注射器取样。将前两管样品气弃去，从第三管开始准确计量，并立即注入（吸入）稀释瓶中。对于硫化氢和二氧化硫浓度较低的气体需重复几次取样。

（二）分析

1. 吸收

于吸收器中加入 50 mL 过氧化氢溶液，另一吸收器中加入 30 mL 硫酸银溶液。将取好样的稀释瓶的入口弹簧夹松开瞬间，使瓶内气压和大气平衡。用气密性好的短节胶管连接好各部分。打开稀释瓶出入口弹簧夹，再缓缓打开流量调节阀，使氮气以 500mL/min 的流量通过吸收装置，通气 20～30min（通过 10 倍于稀释瓶容积的气量）后，关闭调节阀。

2. 滴定

将两个吸收器中的吸收液分别转移入两只 250mL 锥形瓶中，各加入二滴甲基红—次甲基蓝混合指示液，用氢氧化钠标准滴定溶液滴定至吸收液由紫色变为亮绿色。取相同量的试剂做空白试验。

四、影响分析结果的主要因素及解决措施

（一）采样

（1）原因分析
①使用的干燥剂错误。
②干燥剂用量不够。

（2）解决措施
①正确选用干燥剂，通常使用无水氯化钙。
②干燥管填充足量干燥剂，及时更换干燥剂。

（二）分析

（1）原因分析：
①选用吸收器不当。
②载气（N_2）流速不当。
③吸收时间不当。
④溶液发泡。
⑤载气（N_2）纯度不够。
⑥吸收装置漏气。
⑦过氧化氢溶液失效。

（2）解决措施：
①使用标准吸收器，硫化氢吸收器内附玻璃孔板，板上均匀分布有 20 个直径 0.5～1mm 的小孔；二氧化硫吸收器底部为 3 号玻璃砂芯板，否则会影响吸收，使分析结果偏低。
②氮气流量控制在 500mL/min，太快或太慢会使吸收不完全，使分析结果偏低。

③吸收 20～30min 后关闭调节阀，吸收时间短吸收不完全。吸收时间过长，分析结果不及时，对工艺没有指导意义。
④配制过氧化氢溶液（1+9）时，要加入一定量的正丁醇。
⑤氮气纯度不低于 99.9%。
⑥实验前做气密性实验，使装置不漏气。
⑦实验前配制过氧化氢溶液。

第七节　装置检（维）修过程中的气质分析

天然气净化厂检（维）修过程中，必须对设备、坑池内的气质进行取样分析，指标合格后，才能进行设备打开、坑池作业。

对设备类的受限空间气质分析，分为设备打开前和设备打开后两类，设备打开前对设备内的介质进行分析，设备打开后检修人员进入设备内部作业前，需对受限空间作气质分析。

一、置换过程的气质分析

（一）测定置换过程气的目的、意义及控制指标

净化装置停产以后，用惰性气体（通常采用氮气）置换设备内部有毒有害成分，达到规定要求后，用空气进行置换，使其达到打开等作业要求。

天然气净化装置检（维）修过程中的惰性气体置换需要测定其中的甲烷、硫化氢、二氧化硫含量，甲烷的控制指标为小于 3%，硫化氢的控制指标为小于 $15mg/m^3$（10ppm），二氧化硫的控制指标为小于 $15mg/m^3$；空气置换气体需要测定其中的氧气含量，氧气的控制指标为大于 18%。

（二）分析方法

天然气净化装置检（维）修过程的置换气体中的甲烷、硫化氢、二氧化硫、氧含量的测定一般采用气相色谱法进行测定，与本章第一节天然气中硫化氢的测定（气相色谱法）方法相同。

（三）影响分析结果的主要因素及解决措施

与本章第一节天然气中硫化氢的测定（气相色谱法）方法相同。

二、受限空间气体的分析

（一）测定受限空间气体的目的、意义及控制指标

天然气净化厂受限空间气体是指天然气净化装置内打开的设备内部及坑池内部的气体。当需要人员进入其内部进行检修作业前，需要对其内部的气体进行取样分析，确认其是否符合安全卫生要求及其他作业要求。

天然气净化装置受限空间气体通常需要测定其中的硫化氢、二氧化硫、甲烷和氧气的含量。

通过对受限空间气体成分分析，确保进入受限空间作业人员安全，防止窒息和中毒等事故发生。

在受限空间作业过程中，硫化氢的控制指标为小于 $15mg/m^3$，二氧化硫的控制指标为小

于 15mg/m³，甲烷的控制指标为小于 0.5%，氧气的控制指标为 19.5%~23.5%。

（二）硫化氢含量测定过程常见问题及解决措施

天然气净化装置受限空间作业气体中的硫化氢含量首次测定通常采用亚甲蓝分光光度法（GB/T 11742—1989《居住区大气中硫化氢卫生检验标准方法 亚甲蓝分光光度法》）进行测定。

硫化氢被碱性氢氧化镉悬浮液吸收，形成硫化镉沉淀。然后，在硫酸溶液中，硫化氢与对氨基二甲基苯胺溶液和三氯化铁溶液作用，生成亚甲基蓝。根据颜色深浅，比色定量。

1. 测定过程简述

1）采样

用一个内装 10mL 吸收液的大型气泡吸收管，连接大气采样器，以 0.5~1.5L/min 流量，避光采样品气 30L。采样后的样品在现场或带回实验室加显色液后进行比色测定。

2）分析

（1）标准曲线的绘制。

按操作规程绘制标准曲线。

（2）样品测定。

采样后，加入吸收液使样品溶液体积为 10.0mL，以做标准曲线相同的步骤测定其吸光度。根据标准曲线可计算出样品中硫化氢含量。

2. 影响分析结果的主要因素及解决措施

1）采样

（1）原因分析：

①受限空间气体的采样因受设备限制，不易采集到真实样品，使测定结果偏低。

②受限空间气体是常压，与大气压平衡，常规采样法不易采集到真实样品。

③采样管线未用样品气充分置换，采集到的样品不真实，使测定结果偏低。

④在日光照射下进行采样，硫化氢易被氧化。

⑤避免使用多孔吸收管，以防金属硫化物氧化和玻板堵塞。

（2）解决措施：

①采样管线要尽量探到受限空间死角位置，以采集到真实样品。

②采样时必须使用采样泵进行抽取，以采集到正压的样品。

③采样管线必须用样品气充分置换后才可进行采样，至少使样品气 10 倍于采样管线体积流经采样管线后方可进行采样，以保证样品的真实性。

④采样过程中应避免日光直射。

⑤采样应用玻璃气泡式吸收管。

2）分析

（1）原因分析：

①采样后，加显色剂时缓慢，在酸性条件下，硫化氢溢出。

②测定样品与绘制标准曲线时温度相差过大。

（2）解决措施：

①采样后，加显色剂时操作要迅速，防止在酸性条件下，硫化氢溢出。

②测定样品与绘制标准曲线时温度之差应不超过 2℃。

（三）二氧化硫含量测定过程中常见问题及解决措施

天然气净化装置受限空间作业气体中的二氧化硫含量测定通常采用甲醛吸收—副玫瑰苯胺分光光度法进行测定。

二氧化硫被甲醛溶液吸收后，生成稳定的羟甲基磺酸加成化合物。在样品溶液中加入氢氧化钠使加成化合物分解，释放出二氧化硫与副玫瑰苯胺、甲醛作用，生成紫红色的化合物，用分光光度法在577nm处进行测定。

1. 测定过程简述

1）采样

用内装10mL吸收液的U形多孔玻板吸收管，连接大气采样器，以0.5L/min流量采样10~20L。

2）分析

（1）按规程绘制标准曲线。

（2）样品测定。样品液混浊时，应离心分离除去。采样后放置20min，以使臭氧分解。将吸收管中的吸收液全部移入10mL具塞比色管中，用吸收液稀释至标线，加0.5mL氨磺酸溶液，混匀，放置10min以除去氮氧化物的干扰，然后按校准曲线绘制同样的操作步骤测定其吸光度。

2. 影响分析结果的主要因素及解决措施

1）采样

与本章第七节受限空间"硫化氢含量的测定"采样部分。

2）分析

（1）测定结果产生偏差原因分析：

①显色温度未按要求控制，温度对显色影响较大，温度越高，空白值越大。温度高时显色快，褪色也快。

②样品吸光度超过校准曲线上限。

（2）解决措施：

①用恒温水浴控制显色温度。

②如样品吸光度超过校准曲线上限，可用试剂空白溶液稀释，在数分钟内再测量其吸光度，但稀释倍数不要大于6倍。

（四）甲烷和氧气含量测定过程中常见问题及解决措施

天然气净化装置受限空间甲烷和氧气含量的测定一般采用气相色谱法进行测定，与本章第一节天然气中硫化氢含量的测定（气相色谱法）方法相同。

第二章 天然气净化厂溶液组分分析

第一节 脱硫溶液中醇胺和水含量的测定

一、测定脱硫溶液中醇胺和水含量的目的和意义

通过对脱硫溶液中醇胺和水含量的分析，可指导脱硫单元进行溶液组分调整，确保脱硫溶液符合要求，并为脱硫单元的操作优化和参数调整提供指导。

二、测定过程中常见问题及解决措施

目前，天然气净化厂中脱硫溶液中醇胺和水含量测定的方法有化学法（SY/T 6537）和气相色谱法（SY/T 6537）。

（一）化学法

用盐酸标准滴定溶液滴定，以测定溶液中的胺含量，水的含量按差减法计算。

1. 测定过程简述

1）采样

取样时，缓缓打开取样阀，排放溶液约2min后，用待分析溶液置换取样器（带磨口塞的锥形瓶：容量100mL或150mL）4~5次后，再向锥形瓶内排放样品溶液直至瓶颈，盖好瓶塞。

2）分析

用一支干燥的10mL注射器，取适量样品，称量（精确至0.0002g）后，按减量法分别于两只250mL锥形瓶中加入规定量的样品（精确至0.0002g），加入20~50mL水及3~5滴溴百里酚蓝指示液，用盐酸标准滴定溶液滴定至试液由蓝色变为黄色，煮沸1~2min，冷却后再次滴定至黄色。

2. 影响分析结果的主要因素及解决措施

1）采样

若采集到的样品不真实：

（1）原因分析：

①取样导管未充分置换。

②取样器未充分置换。

③取样器不清洁，污染样品。

④样品分析测定前与空气接触时间过长，引入空气中的杂质或水分挥发。

⑤样品放置时间过长。

⑥样品中含有机械杂质和烃类。

（2）解决措施：

①用样品充分置换取样管线，排放溶液约2min。

②用样品充分置换取样容器4~5次后，再取样。

③取样器在使用前需洗净、烘干。

④脱硫溶液在取样过程中，应尽量减少与空气接触的时间。密封放置，避免与空气接触。

⑤取好的样品要在最短时间内（不超过10min）进行分析。

⑥通过静置或离心分离后，取中层溶液做组成测定。

若取样时发生安全事故（件）：

（1）原因分析：取样违反安全操作，未正确佩戴安全防护器材。

（2）解决措施：取样时戴护目镜；禁止明火、火花、高热，使用防爆电器和照明；取样开关阀门时应缓慢，动作不宜过大；站在上风或侧风向，现场要有人监护（监护距离约5m），防止烫伤。

2）分析

（1）分析结果产生偏差原因分析：

①注射器密封不严。

②注射器未用样品置换或置换次数不够。

③盐酸标准滴定溶液浓度有误。

④称量方法不对。

⑤用盐酸标准滴定溶液滴定至试液由蓝色变为黄色后，煮沸时间不够。

⑥滴定结束后，盐酸标准滴定溶液的消耗量读数错。

（2）解决措施：

①注射器使用前进行气密性试验。

②用样品置换注射器2次以上再取样。

③按照《天然气净化厂气体及溶液分析方法》（SY/T 6537—2002）中3.2和3.4要求进行溶液制备。

④称量时要使用分析天平（精确至0.0002g），按减量法称量。

⑤用盐酸标准滴定溶液滴定至试液由蓝色变为黄色后，煮沸1~2min，冷却后再次滴定至黄色。

⑥读数时视线应与滴定管弯月面下缘实线的最低点相切，即视线与弯月面下缘实线的最低点在同一水平面上。

（二）气相色谱法

让样品汽化后通过色谱柱使各组分得到分离，用热导检测器检测并记录色谱图，用校正面积归一化法计算各组分的含量。

1. 测定过程简述

1）采样

参照本节"化学法"中"采样"部分。

2）分析

（1）定性分析。

先进一次样，记录样品的色谱图，再取相同量的样品逐个加入适量纯物质并摇匀后进样，根据色谱峰的增高以确定每个色谱峰所代表的物质。

（2）定量分析。

用记录仪记录色谱图，计算色谱峰面积。

(3) 校正因子测定。

测定采用组分 i 相对于主成分（醇胺或甘醇）的质量校正因子。

(4) 样品分析。

按测定校正因子时使用的操作条件和进样量，绘制样品的色谱图，并计算各组分的色谱峰面积。

2. 影响分析结果的主要因素及解决措施

1) 采样

同本节"化学法"中的"采样"部分。

2) 分析

(1) 分析结果产生偏差原因分析：

①热导池受污染，记录仪基线走不成直线，毛刺多。

②汽化室温度达不到要求，样品未完全汽化，分析结果稳定性差。

③色谱分离效果不好，峰值定量结果不准确。

④进样出错。

⑤试剂纯度达不到要求。

⑥进样量过大或过小，过小会造成测定结果重复性差甚至测不到低含量组分，过大会出平头峰甚至污染汽化室、色谱柱、热导池等。

(2) 解决措施：

①用于测定组成的样品，硫化氢含量应低于1g/L。当样品中含有机械杂质和烃类时，应通过静置或离心分离后，取中层溶液做组成测定。

②严格按照汽化条件设置操作参数，汽化室温度设定为280℃。

③更换色谱柱、降低柱温（200~250℃）或降低载气流速（载气为氢气；内径3mm柱，30mL/min；内径4mm柱，50mL/min），以达到分离效果。

④检查进样针尖是否堵塞，如果堵塞，及时疏通或更换针尖。

⑤用于配制主成分已知样时，纯度不应低于99%，用于配制杂质成分已知样时，纯度不低于95%。

⑥根据分析测定情况，控制进样量（1~5μL）。

注：其他"分析结果产生偏差"和"解决措施"可参见第一章第一节"天然气中硫化氢含量的测定"（色谱分析法）。

第二节 脱硫溶液中硫化氢含量的测定

一、测定脱硫溶液中硫化氢含量的目的、意义及控制指标

通过对脱硫溶液中硫化氢含量的分析，可指导脱硫单元分析判断脱硫溶液的再生质量以及设备是否损坏，确保产品气质量达到标准要求，并为脱硫单元的操作优化和参数调整提供指导。

脱硫贫液中硫化氢含量一般控制在0.1g/L以下。

二、分析方法

目前，天然气净化厂脱硫溶液中硫化氢含量的测定的方法采用化学法（SY/T 6537）。

经酸化气提使样品中的硫化氢全部解吸，再按碘量法进行测定。

三、测定过程简述

（一）采样

参照本章第一节"脱硫溶液中醇胺和水含量的测定"中"采样"部分。

（二）分析

1. 解吸用酸量的确定

解吸用酸的量应控制在将样品液酸化至 pH 值为 2~3。

2. 解吸和吸收

向解吸器中加入 50mL 水及计算量的硫酸溶液，塞上带进样头的胶塞，向吸收器中加入 50mL 乙酸锌溶液，用短节胶管将吸收器同解吸器紧密对接，并用胶管将其余部分连接。缓缓打开针形阀，以 100~200mL/min 的流量通入氮气，用注射器取适量的样品，经进样头缓缓注入，进完样后提高气速至 500mL/min，继续通气 10min，停止通气。

3. 滴定

取下吸收器，用吸量管加入 10（或 20）mL 碘溶液，硫化氢含量低于 0.5% 时使用较低浓度的碘溶液（2.5g/L）。再加入 10mL 盐酸溶液，装上吸收器头，用洗耳球在吸收器入口轻轻地鼓动溶液，使之混合均匀。为防止碘液挥发，不应吹空气鼓泡搅拌。待反应 2~3min 后，将溶液转移进 250mL 碘量瓶中，用硫代硫酸钠标准滴定溶液滴定，近终点时，加入 1~2mL 淀粉指示液，继续滴定至溶液蓝色消失，按同样步骤做空白试验。

四、影响分析结果的主要因素及解决措施

（一）采样过程

参照本章第一节"脱硫溶液中醇胺和水含量的测定"的"测定过程中常见问题及处理"中"采样"内容。

（二）分析过程

（1）原因分析：

①硫代硫酸钠标准滴定溶液浓度有误。

②注射器的体积未经校正。

③解吸用酸量过少或过多。

④带进样头的胶塞与解吸器密封不严，漏气。

⑤进样注射针型号太大，容易造成进样后垫子漏气；进样注射针型号太小，容易造成进样不顺利。

⑥进样后，未提高气速，致使在规定时间内溶液中的硫化氢未解吸完全，造成分析结果偏低。

⑦注射器密封不严。

⑧注射器未用样品置换或置换次数不够。

（2）解决措施：

①按照操作规程，重新配制和标定硫代硫酸钠标准滴定溶液。

②校正注射器的体积。

③当样品中含有硫代硫酸根时,解吸用酸的量应控制在将样品液酸化至 pH 值为 2~3。

④进样前,应再次用检漏液检查接触处是否漏气,拧紧或更换胶塞,确保不漏气后再进样分析。

⑤选用合适的进样针尖(可选 8#、9#)进样。

⑥进完样后提高气速至 500mL/min。

⑦注射器使用前进行气密性试验,使用试验合格的注射器。

⑧用样品置换注射器 2 次以上取样。

第三节 脱硫溶液中二氧化碳含量的测定

一、测定脱硫溶液中二氧化碳含量的目的和意义

通过对脱硫溶液中二氧化碳含量的分析,可指导脱硫单元分析判断脱硫溶液的再生质量以及二氧化碳共吸率的高低,为脱硫单元的操作优化和参数调整提供指导。

二、分析方法

目前,天然气净化厂脱硫溶液中二氧化碳含量测定的方法采用化学法(SY/T 6537)。经酸化气提使样品中的硫化氢和二氧化碳全部解析。用酸性硫酸铜溶液吸收解析出的硫化氢,用准确过量的氢氧化钡溶液吸收二氧化碳,生成碳酸钡沉淀,用邻苯二甲酸氢钾标准滴定溶液滴定剩余的氢氧化钡。根据邻苯二甲酸氢钾溶液的耗量计算样品中二氧化碳的含量。

三、测定过程简述

(一)采样

参照本章第一节"脱硫溶液中醇胺和水含量的测定"的"采样"部分。

(二)分析

1. 解析用酸量的确定

参照本章第一节"脱硫溶液中硫化氢含量的测定"中的内容。

2. 解析和吸收

在解吸器中加入 50mL 水及计算量的硫酸溶液,塞上带进样头的胶塞,在吸收器中加入 50mL 硫酸铜溶液,用短节胶管将各部分连接,缓缓打开针形阀,以 300~500mL/min 的流量通氮气 5min,停止通气。于吸收器中准确加入 50mL 氢氧化钡溶液,再次通入氮气,气速以在吸收器中形成 30~50mm 高的泡沫层为宜,用带有 100mm 注射针的注射器吸取规定量的样品,经进样头缓缓注入解析器中,继续通气 15min 后,降低氮气流量至吸收器底部每分钟仅通过 20~30 个气泡,待滴定。

3. 滴定

取下吸收器的胶塞,加入 80mL 脱二氧化碳的水及 2 滴酚酞指示液,让吸收器成 80°倾斜,用邻苯二甲酸氢钾标准滴定溶液缓缓滴定至试液红色消失,用注射器取 30mL 脱二氧化碳的水,经吸收器的气体入口胶管缓缓注入,继续滴定至溶液红色消失。记录滴定液消耗

量。按同样的步骤做空白试验。

四、影响分析结果的主要因素及解决措施

（一）采样过程

同本章第一节"脱硫溶液中醇胺和水含量的测定"的"测定过程中常见问题及处理"中"采样"部分。

（二）分析过程

（1）原因分析：
①解吸过程中，气速控制不合适，过快，使吸收不完全；过慢，使解吸不完全。
②在滴定的全过程中，通气速度过快。

（2）解决措施：
①控制好气速，以在二氧化碳吸收器中形成 30~50mm 高的泡沫层为宜。
②在滴定的全过程中，通气速度均应小于每分钟 30 个气泡。应防止滴定液接触吸收器壁上的沉淀物。

其余内容参照第一章第二节"天然气中二氧化碳含量的测定"的"影响分析结果的主要因素及解决措施"中"分析"的内容和第一章第一节"天然气中硫化氢含量的测定"的"影响分析结果的主要因素及解决措施"中"分析"②、③、④、⑤、⑥、⑦的内容。

第四节 脱水溶液中三甘醇和水分含量的测定

一、测定脱水溶液中三甘醇和水分含量的目的、意义及控制指标

通过对脱水溶液中三甘醇和水含量的分析，可指导脱水单元分析判断脱水溶液的再生质量以及设备是否损坏，确保产品气质量达到标准要求，并为脱水单元的操作优化和参数调整提供指导。

贫三甘醇溶液中水含量一般控制在 1% 以下。

二、分析方法

目前，天然气净化厂脱水溶液中三甘醇和水分含量测定的方法有气相色谱法（SY/T 6537）和卡尔·费休法（GB/T 18619.1—2002《天然气中水含量的测定 卡尔·费休—库仑法》）。

（一）气相色谱法

本方法的所有内容与本章第一节"脱硫溶液中醇胺和水含量的测定"（气相色谱法）相同。

（二）卡尔·费休法

用分析天平称取一定质量的脱水溶液（约 0.5g），将此脱水溶液注入一个装有已预先滴定过的卡尔·费休试剂的滴定池，溶液中的水分与卡尔·费休试剂反应。测定溶解的水所需要的碘通过电解溶液中的碘化物而产生，消耗的电量与产生的碘的质量成正比，因此也与被测水分的质量成正比。

1. 卡尔·费休水分滴定仪常见故障判断及排除（以 Metrohm784 水分滴定仪为例）

1）有泵转动的声音，但既不能进液，也不能排液

（1）原因分析：管路连接错，或存在漏气情况。

（2）解决措施：检查管路连接情况，有无接错；如漏气则要排除漏气故障。

2）有泵转动的声音，只能进液，不能排液

（1）原因分析：与废液瓶相关的管路连接错，或漏气。

（2）解决措施：检查与废液瓶相关的管路连接情况，有无接错，如漏气则要排除漏气故障。

3）有泵转动的声音，不能进液，只能排液

（1）原因分析：与溶剂瓶相关的管路连接情况有错，或漏气。

（2）解决措施：检查与溶剂瓶相关的管路连接情况，有无接错，如漏气则要排除漏气故障。

4）平衡很难达到

（1）原因分析：

①滴定杯壁上有水分。

②滴定杯密封不严和干燥剂失效。

③卡氏试剂失效和种类不适合。

（2）解决措施：

①用反应液摇洗滴定杯。

②更换干燥剂和密封垫，使用除湿机和空调。

③更换卡氏试剂。

5）连接管扭曲变形

（1）原因分析：连接管扭曲变形，造成管路不通畅，吸液困难或管路有气泡。

（2）解决措施：更换连接管。

6）样品测定时，平行性差

（1）原因分析：

①样品溶解度不好。

②防扩散头脱落。

（2）解决措施：

①增加溶解时间。

②更换新的防扩散头。

7）样品测定时，滴定池内试剂变紫色

（1）原因分析：

①双铂电极被污染。

②样品与试剂发生反应。

③过滴定。

（2）解决措施：

①用溶剂清洗电极，如无水甲醇、无水乙醇等。

②更换试剂。

③加少许甲醇和水。

2. 卡尔·费休水分滴定仪的保养和维护（以 Metrohm784 水分滴定仪为例）

（1）滴定池里的溶液将重复使用，做完样后不能倒掉此溶液。

（2）滴定池里的溶液较多时，按下位于滴定台上靠后的"OUT"键，抽出一部分溶液。剩下的溶液一定要淹没电极。如果剩下的溶液没有淹没电极，则按下位于滴定台上靠前的"INT"键，加入适量的甲醇溶液，淹没电极即可。

（3）平时滴定池、电极不能取下，滴定剂瓶的盖（除了加滴定剂、换分子筛以外）也不能打开。

（4）分子筛建议每两周更换一次，在 250~300℃ 条件下干燥 4h，填装时不能太满。

（5）交换单元需经常转动一下，以防试剂结晶，损坏活塞。

第五节 脱硫溶液中金属离子（Fe^{2+}、Fe^{3+}）测定

一、测定脱硫溶液中金属离子的目的和意义

甲基二乙醇胺（简称 MDEA）是天然气净化装置中常用的脱硫、脱碳溶剂。由于原料气携带的硫化铁粉末、装置腐蚀等原因，MDEA 溶液中会存在一定量的铁离子，铁离子是较强的表面活性剂，会加剧溶液发泡趋势，从而导致脱硫装置雾沫夹带、处理能力下降等，严重影响天然气净化装置安全、稳定运行。通过对脱硫溶液中金属离子的分析，可指导脱硫单元采用过滤、溶液复合等措施，确保溶液清洁，减小对净化装置安全、稳定运行的影响。

二、分析方法简述

脱硫溶液在 pH 值为 2~9 时，铁离子与邻菲啰啉生成橙红色稳定配合物。在波长为 510nm 处，用分光光度计测定吸光度进行含量测定。

（一）标准曲线的绘制

将 0.1 g/L 的铁标准滴定溶液准确稀释 10 倍，成为 0.01g/L 的铁标准滴定溶液（用时现配），分别配制不同浓度的标准滴定溶液，用盐酸溶液调节 pH 值为 2，加 2.5mL 抗坏血酸溶液、10ml 缓冲溶液、5mL 邻菲啰啉溶液，用水稀释至刻度，摇匀，配制成 4 个浓度不等的铁标准滴定溶液。然后选用 1cm 的比色皿，在波长为 510nm 处，进行吸光度的测定。

以铁离子含量为纵坐标，对应的吸光度为横坐标，绘制标准曲线写出计算方程。

（二）样品测定

取适量的溶液，稀释后加入 2mL 10% 盐酸羟胺、2mL 0.1% 邻菲啰啉和 10mL 缓冲溶液（放置 30min 后测定吸光度）。用分光光度计于 510nm 处，以空白试样调零，测吸光度。最后根据标准曲线计算出样品中的铁离子含量。

三、影响分析结果的主要因素及解决措施

（一）加入邻菲啰啉不显色

（1）原因分析：

①溶液 pH 值大于 4.5。

②放置时间小于 30min。

③邻菲啰啉溶液过期。
④样品量偏低。
(2) 解决措施：
①调溶液 pH 值在 2~4.5 之间。
②将溶液放置 30min。
③重新配制邻菲啰啉溶液。
④增加样品用量。

(二) 重复性不好

(1) 原因分析：
①比色皿污染。
②仪器不稳定。
(2) 解决措施：
①重新清洗比色皿。
②仪器开机稳定 40min 后再测定样品。

第六节 脱硫溶液中盐离子（Cl^-）测定

一、测定脱硫溶液中盐离子的目的和意义

氯离子（Cl^-）能引起脱硫设备腐蚀，因此有必要监控脱硫溶液中的氯离子含量。通过对脱硫溶液中盐离子（Cl^-）的分析，可指导脱硫单元采用溶液复合等措施，减少溶液中盐离子（Cl^-）浓度，从而减轻设备腐蚀，并可指导相关单元调整、优化操作。

二、分析方法

采用电位滴定法测定脱硫溶液中的氯离子，即向试液中滴加已知浓度的滴定剂硝酸银，使之发生反应 $Cl^- + Ag^+ = AgCl \downarrow$，并在滴定过程中监测指示电极电势的变化，根据反应达到等当点时待测物质（Cl^-）浓度的突变所引起的电极电势（E）的"突跃"来确定滴定终点，从而进行定量分析。

三、分析方法简述

(一) 取样

把空的样品烧杯放在天平上调零。用分液管取样，称烧杯中样品的质量。用移液管取样记录样品质量，精确到 0.001g。加入去离子水使体积达到 80mL（如氯化物含量较低可多取一些，一般而言，取样量最少 3g，最小测定浓度为 10mg/L 的氯化物最多取 60g 样）。

(二) 样品预处理

将样品中加入 1mL 69% 的 HNO_3，调节其 pH 值小于 2。

向样品中通入 5min 的氮气，不断搅拌溶液，除去样品中的硫化氢和二氧化碳。

搅拌样品的同时加入过量碘液和 3 滴淀粉指示液。同时加入碘液直到蓝色持续存在 0.5min，除去硫代硫酸根（对于深色样品，通过观察电极电压确定碘的添加量，当电极的

电位稳定在-200mV时，停止碘液滴加)。

(三) 滴定分析

用 0.1mol/L 的硝酸银标准滴定溶液，滴定氨液。

滴定过程中记录到达终点的硝酸银消耗量 V。如果样品中同时存在硫氰酸盐和卤化物，到达第一个终点是碘（如果加入碘），第二个终点是硫氰酸盐，第三个终点是氯离子。对以上三种成分的分析所消耗的滴定液的体积就是相应两个终点之间的体积，即 V_1，V_2，V_3。

当样品只有一个分析物时（SCN^- 或 Cl^-），从滴定曲线出现终点前的电极电压就可以判断其成分。SCN^- 的电位约 50mV，Cl^- 的电位约 150mV。

四、影响分析结果的主要因素及解决措施

(一) 特征点位突变无法准确定位

(1) 原因分析：不能确定氯离子点位。

(2) 解决措施：在已知 Cl^- 含量的样品中加入已知浓度的盐酸，从滴定曲线可以明显判断样品中氯化物的电位。

(二) 胺液颜色深加入淀粉无法判别

(1) 原因分析：颜色判别困难。

(2) 解决措施：将溶液加入滴定池，通过观察电极电压确定碘的添加量。当电极的电位稳定在-200mV时，停止碘液滴加。

(三) 重复性差

(1) 原因分析：

①硫化氢二氧化碳未能全部去除。

②硫代硫酸盐未去除。

(2) 解决措施：

①调节 pH 值小于 2，延长通氮气搅拌时间。

②加入过量的碘液氧化硫代硫酸盐。

(四) 电位滴定终点显示不明显

(1) 原因分析：

①电极损坏。

②电极保护不当。

③电极填充液未能及时更换。

(2) 解决措施：

①更换电极。

②加强电极保护。

③外充溶液每周换一次。吸干外部溶液，填充新的内部填充液。

第三章 工业硫黄分析

合格的硫黄产品是一种优良的医药化工原料,通过对工业硫黄的分析,可确保硫黄产品质量,并为脱硫、硫黄回收等单元优化操作、参数调整提供指导。

GB/T 2449—2006 规定硫黄质量控制指标见表 3-1。

表 3-1 硫黄质量控制指标　　　　　　　　　　　%(质量分数)

项　目		技 术 指 标		
		优 等 品	一 等 品	合 格 品
硫(S)的质量分数	≥	99.95	99.50	99.00
水分的质量分数(固体硫黄)		2.0	2.0	2.0
水分的质量分数(液体硫黄)		0.10	0.50	1.00
灰分的质量分数	≤	0.03	0.10	0.20
酸度的质量分数(以 H_2SO_4 计)	≤	0.003	0.005	0.02
有机物的质量分数	≤	0.03	0.30	0.80
砷(As)的质量分数	≤	0.0001	0.01	0.05
铁(Fe)的质量分数	≤	0.003	0.005	—
筛余物的质量分数 粒度大于 150μm 粒度为 75~150μm	≤ ≤	0 0.5	0 1.0	3.0 4.0

注:表中的筛余物指标仅用于粉状硫黄。

第一节 采样及常见问题的处理

一、天然气净化厂硫黄样品的采集数

(一)包装硫黄采样数

(1)总体物料单元数 <500 的,按表 3-2 确定采样单元数。

表 3-2 包装硫黄采样单元数的选取表

总体物料的单元数	选取的最小单元数	总体物料的单元数	选取的最小单元数
1~10	全部单元	182~216	18
11~49	11	217~254	19
50~64	12	255~296	20
65~81	13	297~343	21
82~101	14	344~394	22
102~125	15	395~450	23
126~151	16	451~512	24
152~181	17		

（2）总体物料单元数 >500 的，推荐按总体物料单元数立方根的 3 倍确定采样单元数，即 $S = 3 \times \sqrt[3]{N}$，S 为采样单元数，N 为总体物料单元数。如遇小数时，进为整数。

（3）采样器用不锈钢铲、勺或采样探子。

（二）散装硫黄采样数

表 3-3　散装硫黄采样数选取表

批　　量	采 样 点 数
<2.5t	7
2.5～80t	√批量×20〔计算至整数位〕
>80t	40

二、采样操作

（一）固体工业硫黄

1. 包装产品的采样

根据确定的采样单元数，从随机选定的每个采样单元中采样，不同形状的产品采样方式为：

（1）对于粒状、片状、粉状产品，用采样器插入 2/3 深处采样；

（2）对于块状产品，用手锤在不同部位敲取块径小于 25mm 的碎块。

采得样品充分混合均匀后缩分成 2kg 的实验室样品（在一般情况下，样品量应至少满足 3 次全项重复检测的需要）。

2. 散装产品的采样

根据采样单元数和采样点数，从随机选定的每个采样单元（或点）上采样，不同形状的产品采样方式为：

（1）对于粒状、片状产品，用采样器插入 0.3～0.5m 深处采样；

（2）对于块状产品，用手锤在不同部位敲取块径小于 25mm 的碎块。

采得样品充分混合均匀后缩分成 2kg 的实验室样品。

（二）液体工业硫黄

在不同条件下的采样方式：

（1）在槽车灌注或排出过程中采样，用自动或机械截流的方法，周期性采取点样；

（2）在槽车或储存容器中采样，以实装液体硫黄为基准，分别从上、中、下部位采样，等体积混合成平均样品。

上述两种采样方式每个点都不少于 0.2kg。将点样合并，混合，凝固后为实验室样品。如果实验室样品大于 2kg，则粉碎成直径小于 25mm 的碎块，缩分成 2kg 为实验样品。

三、采样中的常见问题及解决措施

（1）常见问题：

①未按要求确定采样单元数（或取样点数），随意取样。

②样品沾污。

③取的样品量不足 2kg。

④取样后未按要求贴标签。
(2) 解决措施：
①取样前根据硫黄样品情况，确定取样单元或取样点数，并按照取样单元数和取样点数取样。
②采用清洁的取样器取样、将样品装入干净的容器（或取样袋）中。
③取2kg以上的样品，缩分成2kg的实验室样品。
④取样后按规定贴好标签，标明产品名称、等级、批号、批量、采样日期、采样人等。

第二节 样品制备及常见问题的处理

一、实验室样品处理

实验室样品等量分实验样和保留样，分别装入样品瓶内密封。样品瓶上应贴上标签，其中保留样的保留时间由企业自定。

二、试样的制备

将取得的实验样磨碎至通过孔径2.00mm的试验筛（粉状硫黄不必研磨），以缩分法分成两份，一份供测定水分的质量分数、200℃时残渣的质量分数用。另一份继续磨碎至通过孔径600μm的试验筛，用缩分法分成两份，一份供测定灰分的质量分数、有机物的质量分数、铁的质量分数；另一份继续磨碎至通过孔径250μm的试验筛，供测定硫的质量分数（重量法）、酸度的质量分数、砷的质量分数用。

三、样品制备中的常见问题及解决措施

(1) 常见问题：
①样品污染。
②粉碎机内样品量过多。
③样品粉碎后，未按规定进行筛分。
④试样筛选择错误。
(2) 解决措施：
①为防止样品污染，制样所用工具如粉碎机和试样筛等要清洁、干燥。
②粉碎机内样品量不能超过容量的五分之二。
③样品粉碎后必须经过3次筛分，并标明每份样品测定的项目。
④正确选用试样筛。

四、制样设备的维护保养

(1) 试样粉碎机使用结束后，必须拔出电源插头，清除余硫干净后，置于通风、干燥的地方。
(2) 分样筛使用后除去余硫，洗净、晾（或吹）干后，盖好筛盖，置于无腐蚀、无尘、干燥的地方。

第三节　测定过程中常见问题及解决措施

一、硫

（一）差减法和仲裁法

本方法通过扣除杂质（灰分、酸度、有机物和砷）的质量分数总和的方法，算得工业硫黄中的硫的质量分数。

影响分析结果的主要因素有灰分、酸度、有机物、砷含量测定误差影响硫的质量分数的准确度。其解决措施是分析时必须提高灰分、酸度、有机物、砷含量测定的准确度，才能得到准确度高的硫的质量分数，分析结果精确至 0.01。

（二）重量法

将试料用二硫化碳洗脱后称量，算得工业硫黄中的质量分数。

1. 测定过程简述

（1）将坩埚洗净后放在温度为 105～110℃的烘箱中烘 40min，取出稍冷后，置于干燥器中，冷却至室温、称量，精确到 0.1mg，恒重至 2 次称量之差不超过 0.0002g。称取 2～3g 试样，精确至 0.0001g，置于其中。

（2）连接好抽滤装置，将坩埚置入吸滤瓶口，用滴管向玻璃过滤坩埚中加适量的二硫化碳，用玻璃棒搅拌使硫黄溶解，开启真空泵抽滤。继续用二硫化碳洗涤、溶解，至绝大部分硫黄溶解后，以二硫化碳洗坩埚和其底部。

（3）将坩埚在恒温干燥箱内于 105～110℃下烘 45min，冷却至室温，再用二硫化碳洗 5～8 次，在恒温干燥箱内于 105～110℃下烘 30min，置于干燥箱中冷却后称量，精确至 0.0001g。按以上操作重复用二硫化碳处理直至连续 2 次称量相差不超过 0.0002g。

取平行测定结果的算术平均值作为测定结果。平行测定结果的相对偏差应不大于 0.05%。

2. 测定过程中的常见问题及解决措施

（1）常见问题：

①样品溶解不完全。

②坩埚的恒重未达到要求。

③水分和酸度测定误差影响硫的质量分数测定结果。

（2）解决措施：

①二硫化碳有毒易燃，相关操作应在通风橱内进行。用二硫化碳溶解硫黄必须仔细操作直至完全溶解。

②坩埚的恒重直接影响分析结果，装硫黄样品前必须恒重至 0.0002g 以内。用二硫化碳处理完样品后的 2 次恒重之差不能超过 0.0002g。

③提高水分和酸度测定的准确度。

二、水分

试料在恒温干燥箱中于 80℃下干燥，称量其失去的质量即为失去水的质量。

（一）测定过程简述

（1）将称量瓶放在温度为 80±2℃ 的烘箱中干燥 2h，取出冷却，称量精确至 0.001g，称取约 25g 试样，精确至 0.001g，置于其中。

（2）将盛有试样的称量瓶置于温度为 80±2℃ 恒温干燥箱内，干燥 3h。

（3）取出称量瓶置于干燥器中，冷却、称量，精确至 0.001g。重复以上操作，直至连续 2 次称量相差不超过 0.002g。如果干燥总时间超过 16h 仍未恒重，则记录最后一次称量结果。

（二）测定过程中的常见问题及解决措施

（1）常见问题：

①干燥温度不符合要求。

②干燥时间不够。

③样品在干燥器中冷却时间不一致。

④称量不规范。

（2）解决措施：

①干燥箱温度波动超过 ±2℃，低于 78℃，不易恒重，使分析结果偏高；温度高于 82℃，使分析结果偏低。在干燥过程中应当每隔 30min，观察一次干燥箱的温度变化情况。如果温度波动超过 ±2℃，应停止试验，待修好干燥箱后，重新试验。

②干燥 3h。

③样品每次在干燥器中冷却时间保证一致，否则会造成称量上的误差，从而导致结果误差。每次冷却 30min 后，称量。

④称量操作时拿取称量瓶必须戴细纱手套，防止汗液影响。

三、灰分

在空气中缓慢燃烧试料，然后在高温电炉中于温度为 800～850℃ 下灼烧，冷却、称量。

（一）测定过程简述

（1）将瓷坩埚在 800～850℃ 的高温炉中灼烧 40min，取出，放到泥三角上冷却至接近室温后，置于干燥器中，冷却至室温后，称量，直至连续 2 次测量结果之差不大于 0.0005g。

（2）在已恒重的瓷坩埚中，称取约 25g 试料，精确至 0.01g，在电热板上，使硫黄缓慢燃烧。

（3）燃烧完毕后，移至高温炉内，在 800～850℃ 的温度下灼烧 40min，取出，放到泥三角上冷却至接近室温后，置于干燥器中，冷却至室温后，称量。重复以上操作，直至连续两次称量相差不超过 0.0005g。

（二）测定过程中的常见问题及解决措施

（1）常见问题：

①瓷坩埚未编号或编号不清楚，称量时易搞错。

②干燥器受热不均而破裂。

③冷却时间不一致。

④SO_2 污染。

⑤高温炉温度波动超出规定，测定过程未能观察高温炉的温度变化。

⑥坩埚钳污染瓷坩埚。
⑦灼烧时间不够。
⑧高温电阻炉内的温度不完全一致。
（2）解决措施：
①用含有 $FeCl_3$ 的蓝墨水在瓷坩埚的底部写上数字编号，在高温炉中灼烧 30min 后，取出，冷却后备用。所编的号不会掉，避免出现错误。
②从高温炉中取出的瓷坩埚先在泥三角上冷却到近室温后，再放入干燥器中冷却。
③冷却时间保持一致。
④电热板应放于通风橱内使用，防止燃烧硫黄样品时产生的 SO_2 污染分析室、造成人身伤害等。
⑤分析时，分析者不能远离高温炉，每隔 10min 观察一次高温炉的温度变化情况，如温度波动大于 ±50℃，应当停止实验。温度低于 750℃，无法除尽硫黄中有机物，会导致分析结果偏高。
⑥使用清洁无锈的坩埚钳。
⑦高温电阻炉中灼烧时间不低于 40min。
⑧灼烧时必须将瓷坩埚在炉膛内摆放的位置编号，使其每次在炉膛内灼烧位置相同，保证其温度一致。

四、酸度

用水—异丙醇混合液萃取硫黄中的酸性物质，以酚酞为指示剂，用氢氧化钠标准滴定溶液滴定。

（一）测定过程简述

（1）称取通过 250μm 试验筛的试样约 25g，精确至 0.01g，置于 250mL 具磨口塞的锥形瓶中，加 25mL 异丙醇，盖上瓶塞，使硫黄完全润湿。
（2）然后再加 50mL 水，塞上瓶塞，振摇 2min，放置 20min，其间不时地摇振，加 3 滴酚酞指示液，用氢氧化钠标准滴定溶液滴至粉红色并保持 30s 不褪。同时做空白试验。

（二）测定过程中的常见问题及解决措施

（1）常见问题：
①酸性物质萃取不完全，造成测定结果偏低。
②酸度较低时，滴定终点颜色变化不明显。
③萃取液量不够，无法完全萃取硫黄中的酸性物质，会导致分析结果偏低。
（2）解决措施：
①样品在加入异丙醇和水后，塞上瓶塞，振摇 2min，放置 20min，其间不时地摇振，最好置于振荡器上振荡，使酸性物质完全萃取出来。
②使用低浓度氢氧化钠标准滴定溶液，使其滴定体积消耗量在 0.2~3mL（包括空白消耗量），这样保证分析结果更为准确；用微量滴定管或电位滴定仪进行滴定，近终点时半滴滴加氢氧化钠标准滴定溶液，防止滴过终点。
③异丙醇加入量不低于 25mL。

五、有机物

（一）滴定法

试料在氧气流中燃烧，生成二氧化硫、三氧化硫，在铬酸和硫酸溶液中氧化吸收。试料中的有机物燃烧生成二氧化碳，用氢氧化钡溶液吸收，然后以酚酞和甲基红—次甲基蓝作指示剂滴定。

1. 测定过程简述

1）准备燃烧装置

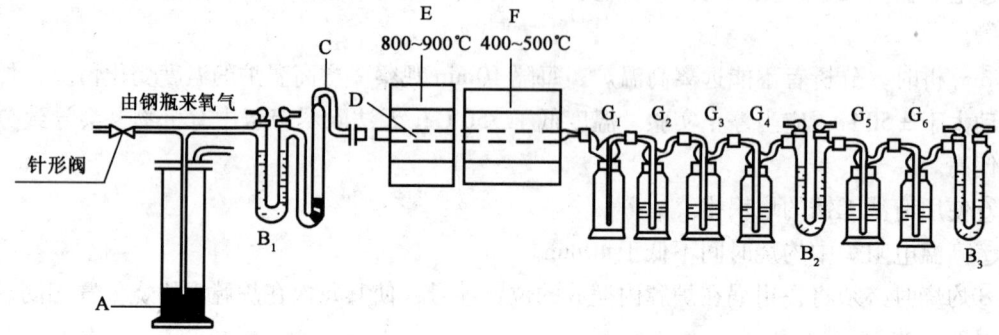

图 3-1　燃烧和吸收装置

（1）如图 3-1 所示，在干燥的 U 形管 B_1、B_3 内装入碱石棉，在碱石棉上面垫一层玻璃棉。在 U 形管 B_2 中疏松地填入玻璃棉，用以捕集测定时产生的酸蒸气。如酸蒸气过多，致使氢氧化钡完全被中和，则用孔径为 15～40μm 的烧结玻璃过滤器，替换 U 形管 B_2，重新测定。

（2）洗气瓶 G_2 中装入至少 50mL 三氧化铬溶液，洗气瓶 G_3 和 G_4 中各装入至少 50mL 硫酸溶液。

（3）燃烧管 D 中装入铂石棉，其长度略小于管式炉 F 加热段的长度。

2）空白试验

（1）使管式炉 F 升温，同时以约 100mL/min 的流速使氧气通过装置。当管式炉 F 温度达到 400～450℃后约 30min，取下洗气瓶 G_5、G_6，各加入 20mL 氢氧化钡溶液、40mL 水和 5mL 过氧化氢溶液，再接回装置中。

（2）在以约 100mL/min 的流速使氧气通过装置的情况下，使管式炉 E 通电，升温至 400～450℃，并维持此温度约 10min，再继续升温至 800～900℃，并维持此温度约 30min。切断管式炉 E 电源，继续通氧气约 30min，再切断管式炉 F 的电源。

（3）拆下洗气瓶 G_5 和 G_6，打开瓶盖，用少量水冲洗，将洗液并入吸收液中，以酚酞溶液为指示剂，用盐酸标准滴定溶液分别滴定吸收溶液至终点。

（4）然后往每个洗气瓶中加 2～3 滴甲基红—亚甲基蓝混合指示液，加入一定体积（一般为 10.00mL）过量的盐酸标准滴定溶液，摇匀，用氢氧化钠标准滴定溶液返滴定。

对 G_5、G_6 两洗气瓶内的吸收溶液做空白试验所耗用的盐酸标准滴定溶液的体积 V_0（mL），按下式分别计算：

$$V_0 = V_1 - V_2$$

3) 分析试样

（1）在瓷舟中称取 1~1.5g 试样，精确至 0.001g。

（2）使管式炉 F 升温，并以约 100mL/min 的流速使氧气通过装置。

（3）当管式炉 F 温度达到 400~450℃ 后约 30min，取下洗气瓶 G_5、G_6，各加入 20mL 氢氧化钡溶液、40mL 水和 5mL 过氧化氢溶液。然后将洗气瓶 G_5、G_6 接回装置中。

（4）将盛有试样的瓷舟，送至燃烧管 D 中位于进管式炉 E 前不加温的部位，立即以 100mL/min 的流速通入氧气，并使管式炉 E 升温。

（5）当管式炉 E 温度达到 450℃ 时，维持此温度不再上升。向瓷舟方向缓慢移动管式炉 E，使硫黄燃烧，而微量的含碳物留在瓷舟和燃烧管 D 内。

（6）硫黄缓慢燃烧完毕后，将管式炉 E 移至加热瓷舟的位置，升温至 800~900℃，加热燃烧管 D 和瓷舟约 30min。切断管式炉 E 的电源，继续通氧气约 30min，吹净装置，再切断管式炉 F 的电源。

（7）当 CO_2 全部被吸收后，拆下洗气瓶 G_5 和 G_6，打开瓶盖，用少量水冲洗，洗液并入吸收液中。然后按下述步骤分别测定两个洗气瓶中所吸收的 CO_2。

以酚酞为指示剂，用盐酸标准滴定溶液滴定吸收溶液，剧烈地搅拌，切勿滴过终点。

（8）然后往每个洗气瓶中加 2~3 滴甲基红—亚甲基蓝混合指示液，加入一定体积（一般为 10.00mL）过量的盐酸标准滴定溶液，摇匀，用氢氧化钠标准滴定溶液返滴定。

（9）中和 G_5、G_6 两洗气瓶中的 CO_3^{2-} 所耗用的盐酸标准滴定溶液的体积 V_3（mL），按下式计算：

$$V_3 = V_4 - V_5 - V_0$$

2. 测定过程中的常见问题及解决措施

（1）常见问题：

①氧气纯度不够，会导致分析误差。

②空白试验所耗用的盐酸标准滴定溶液大于 0.2mL，不符合分析标准的规定。

③由于测定过程中氢氧化钡吸收液中吸收了空气中的 CO_2，分析结果偏高。

④装置漏气、CO_2 吸收不完全，分析结果偏低。

⑤硫黄样品燃烧过于激烈，吸收瓶 G_2 中的三氧化铬溶液可能回抽。

⑥硫黄升华到瓷舟外并冷凝在瓷舟和铂石棉之间，燃烧不完全。

（2）解决措施：

①氧气纯度要求达到 99.99% 以上。

②重新测定空白值，直到空白试验所耗用的盐酸标准滴定溶液小于 0.2mL 为止。

③在操作过程中连接和取下洗气瓶动作要快，防止吸收空气中的 CO_2。

④每次分析前换新胶管连接装置，检查装置的气密性后开始实验；吸收 CO_2 过程中观察洗气瓶 G_5、G_6 中的沉淀不再增加时再多通气 5min 使吸收完全。

⑤应增大氧气流速予以防止。

⑥应移动管式炉 E 使硫黄燃烧完全。

（二）重量法

硫黄试料在温度为 250℃ 和 800℃ 两次灼烧后，所得残余物质量差即为灼烧过程有机物的损失。

1. 测定过程简述

(1) 将瓷坩埚分别在 250±2℃ 的烘箱中和在高温电炉内于 800~850℃ 恒重备用。

(2) 称取约 50g 试样，精确至 0.01g。置于预先恒重的瓷坩埚中，在砂浴（或可调电炉）上熔融并燃烧试料后，将瓷坩埚与残余物在恒温干燥箱中于 250℃ 下烘 2h，以除去微量硫。将瓷皿与残余物（由有机物和灰分组成）移入干燥器，冷却至室温，称量，精确至 0.0001g。

(3) 将带有残余物的瓷皿在高温电炉内于 800~850℃ 灼烧 40min，在干燥器中冷却至室温，称量，精确至 0.0001g。重复操作直至恒量。

2. 测定过程中的常见问题及解决措施

(1) 常见问题：

①硫黄燃烧温度控制不当，温度低于 248℃ 硫黄燃烧不完全，温度高于 252℃，会使有机物燃烧损失。

②恒重温度波动较大恒重结果不准，影响有机物测定结果的准确度。

③高温炉温度控制不当，温度过低，灰分偏高，使有机物偏高。温度过高不易恒重。

(2) 解决措施：

①燃烧硫黄时温度应严格控制在 250±2℃。

②恒重温度控制在 250±2℃。

③高温炉温度控制在 800~850℃。

六、铁

试料燃烧后，其残渣溶解于硫酸中，用氯化羟胺还原溶液中的铁，在 pH 值为 2~9 的条件下，Fe^{2+} 与邻菲啰啉反应生成橙色络合物，对此络合物进行吸光度测定。

（一）测定过程简述

1. 试液的制备

(1) 在 50mL 瓷坩埚中称取约 25g 试样，精确至 0.01g。在电炉上缓慢地加热燃烧坩埚中的硫黄，燃烧完毕后，移至高温电炉中在温度 600℃ 下灼烧 30min。

(2) 取出冷却，加 5mL 硫酸溶液，在砂浴（或可调电炉）上加热使残渣溶解，蒸干硫酸。冷却后，加 2mL 盐酸、20mL 水，再加热溶解残渣。

(3) 将试液移入 100mL 容量瓶中，用少量水冲洗瓷坩埚，洗液并入容量瓶，稀释至刻度，摇匀，备用。

2. 工作曲线的绘制

按操作规程绘制工作曲线。

3. 分析

(1) 取一定量的试液，使其相应的铁质量在 50~200μg 之间，置于 50mL 容量瓶中。

(2) 加水至约 25mL，加 2.5mL 氯化羟胺溶液和 5mL 乙酸—乙酸钠缓冲液，5min 后，加 5mL 邻菲啰啉溶液，用水稀释至刻度，摇匀，放置 15~30min，显色。

(3) 在分光度计 510nm 波长处，用 1cm 吸收池，以水作参比，测量溶液的吸光度。同时做空白试验。

（二）测定过程中的常见问题及解决措施

(1) 常见问题：

①样品处理残渣溶解不完全。
②转移试液有损失。
③氯化羟胺加入量低于2.5mL，无法完全还原溶液中的Fe^{3+}。
④缓冲溶液加入量低于或高于5mL，不能保证其pH值2~9条件。
⑤邻菲啰啉加入量低于5mL，Fe^{2+}与其反应不完全。
⑥放置时间低于15min，显色反应不完全。
⑦制备和处理硫黄试样时及测定过程中带入待测物质。

（2）解决措施：
①样品处理时必须完全溶解残渣。
②转移试液时防止损失。
③氯化羟胺准确加入2.5mL。
④缓冲溶液准确加入5mL。
⑤邻菲啰啉准确加入5mL。
⑥需放置15~30min后进行显色。
⑦使用不含铁的器皿和试剂，在测定过程中防止带入含铁物质。

第四章 天然气净化厂水质分析

第一节 工业锅炉水质测定

天然气净化厂锅炉水质通常需要测定锅炉给水中的浊度、硬度、pH 值、电导率、溶解氧和炉水中的碱度、pH 值、溶解固形物、磷酸盐。

一、分析工业锅炉水的目的、意义及控制指标

通过对锅炉给水和炉水的分析,可指导软化水处理操作,为除氧、加药、排污等操作提供理论依据,从而确保蒸汽品质和锅炉安全平稳运行。

采用锅外水处理的自然循环蒸汽锅炉和汽水两用锅炉水质指标见表 4-1。

表 4-1　采用锅外水处理的自然循环蒸汽锅炉和汽水两用锅炉水质指标

项目	额定蒸汽压力 MPa		$p \leqslant 1.0$		$1.0 < p \leqslant 1.6$		$1.6 < p \leqslant 2.5$		$2.5 < p < 3.8$	
	补给水类型		软化水	除盐水	软化水	除盐水	软化水	除盐水	软化水	除盐水
给水	浊度 (FTU)		≤5.0	≤2.0	≤5.0	≤2.0	≤5.0	≤2.0	≤5.0	≤2.0
	硬度 mmol/L		≤0.030	≤0.030	≤0.030	≤0.030	≤0.030	≤0.030	≤5.0×10^{-3}	≤5.0×10^{-3}
	pH 值 (25℃)		7.0~9.0	8.0~9.5	7.0~9.0	8.0~9.5	7.0~9.0	8.0~9.5	7.5~9.0	8.0~9.5
	溶解氧① mg/L		≤0.10	≤0.10	≤0.10	≤0.050	≤0.050	≤0.050	≤0.050	≤0.050
	油 mg/L		≤2.0	≤2.0	≤2.0	≤2.0	≤2.0	≤2.0	≤2.0	≤2.0
	全铁 mg/L		≤0.30	≤0.30	≤0.30	≤0.30	≤0.30	≤0.10	≤0.10	≤0.10
	电导率 (25℃) μS/cm		—	—	≤5.5×10^2	≤1.1×10^2	≤5.0×10^2	≤1.0×10^2	≤3.5×10^2	≤80.0
锅水	全碱度② mmol/L	无过热器	6.0~26.0	≤10.0	6.0~24.0	≤10.0	6.0~16.0	≤8.0	≤12.0	≤4.0
		有过热器	—	—	≤14.0	≤10.0	≤12.0	≤8.0	≤12.0	≤4.0
	酚酞碱度 mmol/L	无过热器	4.0~18.0	≤6.0	4.0~16.0	≤6.0	4.0~12.0	≤5.0	≤10.0	≤3.0
		有过热器	—	—	≤10.0	≤6.0	≤8.0	≤5.0	≤10.0	≤3.0
	pH 值 (25℃)		10.0~12.0	10.0~12.0	10.0~12.0	10.0~12.0	10.0~12.0	10.0~12.0	9.0~12.0	9.0~11.0
	溶解固形物, mg/L	无过热器	≤4.0×10^3	≤4.0×10^3	≤3.5×10^3	≤3.5×10^3	≤3.5×10^3	≤3.5×10^3	≤2.5×10^3	≤2.5×10^3
		有过热器	—	—	≤3.0×10^3	≤2.5×10^3	≤2.5×10^3	≤2.5×10^3	≤2.0×10^3	≤2.0×10^3
	磷酸根③ mg/L		—	—	10.0~30.0	10.0~30.0	10.0~30.0	10.0~30.0	5.0~20.0	5.0~20.0

续表

项目	额定蒸汽压力 MPa	$p \leq 1.0$		$1.0 < p \leq 1.6$		$1.6 < p \leq 2.5$		$2.5 < p < 3.8$	
	补给水类型	软化水	除盐水	软化水	除盐水	软化水	除盐水	软化水	除盐水
锅水	亚硫酸根④ mg/L	—	—	10.0~30.0	10.0~30.0	10.0~30.0	10.0~30.0	5.0~10.0	5.0~10.0
	相对碱度⑤	<0.20	<0.20	<0.20	<0.20	<0.20	<0.20	<0.20	<0.20

注：对于供汽轮机用汽的锅炉，蒸汽质量应执行 GB/T 12145 规定的额定蒸汽压力 3.8~5.8MPa 汽包炉标准。
　　硬度、碱度的计量单位为一价基本单元物质的量的浓度。
　　停（备）用锅炉启动时，锅水的浓缩倍率达到正常后，锅水的水质应达到本标准的要求。
①溶解氧控制值适用于经过除氧装置处理后的给水。额定蒸发量大于或等于 10t/h 的锅炉，给水应除氧。额定蒸发量小于 10t/h 的锅炉如果发现局部氧腐蚀，也应采取除氧措施。对于供汽轮机用汽的锅炉给水含氧量应小于或等于 0.050mg/L。
②对蒸汽质量要求不高，并且无过热器的锅炉，锅水全碱度上限值可适当放宽，但放宽后锅水的 pH 值（25℃）不应超过上限。
③适用于锅内加磷酸盐阻垢剂。采用其他阻垢剂时，阻垢剂残余量应符合药剂生产厂规定的指标。
④适用于给水加亚硫酸盐除氧剂。采用其他除氧剂时，除氧剂残余量应符合药剂生产厂规定的指标。
⑤全焊接结构锅炉，可不控制相对碱度。

二、采样常见问题及解决措施

（一）炉水采样

（1）常见问题：
①炉水温度高。
②未取到代表性样品。
③未用水样冲洗取样器。
（2）解决措施：
①取样时，先开冷却水，待炉水温度降低后取样。
②排放 2min 后才能取样。
③取样器需用炉水冲洗 3 次以上。

（二）给水采样

（1）常见问题：
①取样桶不合适。
②取样桶和取样瓶未冲洗或未冲洗干净。
③取样管位置不合适。
④水样温度高。
⑤水样流速不合适。
⑥水样液位不够。
⑦加试剂时滴定管插入位置不当。
（2）解决措施：
①取样桶应高于取样瓶 150mm 以上。
②取样桶和取样瓶要冲洗干净。
③取样管需插入取样瓶底部。

④调整冷却水,使给水温度达到取样要求。
⑤调整水样流速为 700mL/min 左右。
⑥水样液位应超出取样瓶 150mm。
⑦加试剂时滴定管应插入取样瓶瓶口下。

三、测定过程常见问题及解决措施

(一) pH 值

水样中含有氧化剂、还原剂、高含盐量、色素、水样混浊以及蒸馏水,除盐水等无缓冲性的水样宜用电极法测定 pH 值。当氢离子选择性电极 pH 电极与甘汞电极同时浸入溶液后,即组成测量电池对,其中 pH 电极的电位随溶液中氢离子的活度而变化。

1. 测定过程简述

将定位后的电极和测试烧杯,反复用蒸馏水冲洗两次以上,再用被测水样冲洗两次以上,最后一次冲洗完毕后,用干净的滤纸轻轻将电极底部残留的水滴吸去,然后将电极浸入被测溶液进行 pH 值测定。测定完毕后,将电极用蒸馏水反复冲洗干净并浸泡在蒸馏水中备用。

2. pH 值测定常见问题及解决措施

(1) 常见问题:
①电极填充液干涸。
②电极污染。
③钠差。在较强的碱性溶液中,当有大量的钠离子存在时会产生钠差,使读数偏低。
④3 种缓冲溶液的定位不成线性。

(2) 解决措施:
①每天测定前检查电极填充液液面,从填充液加注口及时补充填充液。
②对污染的电极,可用沾有四氯化碳或无水乙醇的棉花轻轻擦净电极的头部,如发现敏感膜外壁有锈,可将电极浸泡在5%~10%盐酸中,待锈消除后再用。但绝不能浸泡在浓酸中,以防敏感膜严重脱水造成电极报废。
③pH 值 >10.5 的溶液,应使用高碱玻璃电极测定 pH 值。
④检查玻璃电极是否完好,检查电极插头接触是否良好,检查缓冲溶液是否失效。

3. pH 计常见故障判断及解决措施

1) 显示测定超出范围
(1) 进行仪器测试。
(2) 检查电极是否连接。
(3) 检查电极是否浸入样品。
(4) 检查电极保湿帽是否移走。
(5) 更换电极。

2) 读数不稳定
(1) 检查电极填液孔是否打开。
(2) 检查电极泡是否插入液面下。
(3) 检查电极液接口是否存在气泡。
(4) 检查电极参比填充液。

(5) 清洁或更换电极接口。
(6) 更换电极。
3) 响应迟缓
(1) 检查电极填液孔是否打开。
(2) 检查溶液是否处于不同的温度，等待直至温度相等。
(3) 检查样品的离解力是否很低（例如：水），等待直至反应达到平衡。
(4) 避免在两个测定操作之间擦拭电极。
(5) 清洁、调节电极。
(6) 更换电极。
4) 读数不正确
(1) 检查是否使用正确的校准缓冲液。
(2) 检查缓冲溶液是否超过保质期或被污染。

4. 酸度计的保养和维护
(1) 小心使用电极，电极的电极膜切勿受潮和用手接触，以免降低绝缘性能。
(2) 将电极移入另一溶液前，用蒸馏水清洗干净。
(3) pH计的检定，每年1次。
(4) 严格遵守仪器规定的使用条件：一般工作温度为0~40℃，相对湿度≤85%，被测溶液温度为5~60℃。
(5) 保护玻璃电极的球泡。玻璃球泡壁薄、易碎，绝不可与容器壁或其他硬物相碰。球泡要保持清洁，每次用完，必须及时冲洗，如发现有污物，可用医用棉花轻轻擦拭，或用0.1mol/L盐酸溶液清洗。新电极或较长时间未用的电极，使用前用蒸馏水浸泡24h以上。浸泡时，蒸馏水液面勿没过复合玻璃电极的陶瓷芯。
(6) 使用玻璃电极和甘汞电极，保证电极与球泡之间和内电极与陶瓷芯之间无气泡，如有，必须除去。使用时，将甘汞电极上端小孔的橡胶塞拔去，以防产生扩散电位。
(7) 安装电极时，甘汞电极头部长于球泡头部，以便在摇动溶液时起到保护球泡的作用。
(8) 使用复合玻璃电极时，溶液一定要浸泡陶瓷芯，也要拔去橡胶塞，装上球泡保护套。
(9) 使用完毕，立即洗净电极，并用软吸水纸擦干，放入仪器配套的包装盒中，既可防尘，又可避免拿动时震动剧烈，以保护仪器。
(10) 甘汞电极内应注满填充液。

(二) 溶解氧

天然气净化厂溶解氧测定通常有两瓶法和溶解氧仪法。

1. 两瓶法

在碱性溶液中，二价锰离子被水中溶解氧氧化成三价锰离子、四价锰离子。在酸性溶液中，三价锰离子和四价锰离子能将碘离子氧化成游离碘，以淀粉作指示剂，用硫代硫酸钠滴定，根据其消耗量即能计算出水样中溶解氧的含量。

1) 测定过程简述

在采取水样前，先将取样瓶、取样桶洗净，并冲洗取样管。然后将两个取样瓶放在取样桶内，在取样管上接一个玻璃三通，并把三通上连接的两根厚壁胶管分别插入两个取样瓶底，调整水样流速为700mL/min左右，使水样液位超过取样瓶口150mm后，将取样管轻轻地由瓶中抽出。

立即在水面下往第一瓶水样中加入1mL氯化锰或硫酸锰溶液。往第二瓶水样中加入5mL磷酸溶液（1+1，体积比浓度）或硫酸溶液（1+1）。

用滴定管往两瓶中各加入3mL碱性碘化钾混合液，将瓶塞盖紧，然后由桶中将两瓶取出，摇匀后再放置在水面下。

待沉淀物下沉后，打开瓶塞，在水面下向第一瓶水样内加5mL磷酸溶液（1+1）或硫酸溶液（1+1），向第二瓶水样内加入1mL氯化锰或硫酸锰溶液，将瓶塞盖好，立即摇匀。

将水样溶液冷却到15℃以下，各取出200~250mL溶液，分别注入两个500mL锥形瓶中。

分别用硫代硫酸钠标准滴定溶液滴定至浅黄色，加入1mL淀粉溶液，继续滴定至蓝色消失为止。

2）测定结果常见问题及解决措施

（1）常见问题：

①水样溶液温度高于15℃。

②滴定时摇动速度不合适。

③淀粉溶液加入时间不当，过早加入淀粉，它与碘形成的蓝色络合物与硫代硫酸钠的反应速度较小，往往会滴定过量。

（2）解决措施：

①水样溶液冷却到15℃以下才能分析。

②在滴定开始时，滴定体系中碘的浓度较大，一定要轻摇、慢摇，以防碘挥发；但也一定要摇匀，否则局部过量的硫代硫酸钠会发生分解。滴至临近终点时，碘的颜色很浅，可以剧烈摇动，特别是加了淀粉溶液后，更要充分剧烈摇动，以保证反应完全。

③应在滴定近终点时加入淀粉溶液。

2. 溶解氧仪法

因原电池作用或外加电压使电极间产生电位差。由于这种电位差，使金属离子在阳极进入溶液，而透过膜的氧在阴极还原。由此所产生的电流直接与通过膜与电解质液层的氧的传递速度成正比，因而该电流与一定温度下水样中氧的分压成正比。

1）测定过程简述

在探头浸入样品后，使探头停留足够的时间，探头与待测水温一致并使读数稳定。由于所用仪器型号不同及对结果的要求不同，必要时要检验水温和大气压力。

2）测定过程常见问题及解决措施

（1）常见问题：

①溶解氧测定时未校零。

②电极膜沾污、有气泡或破损。

③仪器调不到校正值处或者仪器响应慢、数值显示不稳定。

④电极敏感膜干燥。

⑤电极长期使用后，表面将产生氧化层。

⑥标定和测量时的温度相差太大。

⑦读数不正常。

(2) 解决措施:

①每天使用前,用零氧溶液校准溶解氧仪。不测定时将电极保存在新配制的零氧溶液中(5%~10%亚硫酸钠溶液)中,并使其短路。

②更换电极膜。

③更换电极中的电解质和电极薄膜。

④将电极浸入到二次水中,使电极膜表面湿润。

⑤用蒸馏水冲洗电极,或将其置于稀酸溶液中浸泡,或用金相砂纸擦净抛光。

⑥标定和测量时的温度不要相差太大,不超过±5℃。

⑦更换溶氧膜(例如,开机后读数不稳定或不是从高到低趋于稳定)。

(3) 溶解氧测定仪维护和保养:

①换溶氧仪膜时电解液内不能留有气泡,膜不能折皱,多余的膜割除干净。

②更换溶氧膜时要用去离子水或蒸馏水冲掉旧电解液,滴入2~3滴新电解液,甩干。普通溶氧传感器要滴满新电解液至液面鼓起,压上溶氧膜,不留气泡;盖膜要注入半量新电解液,旋紧。

③盖膜更换后即可使用,普通膜更换后应放置一夜,让膜完全恢复平衡。

④溶氧膜表面受到沾污要细心清洗干净,不能损伤膜。

⑤2~4周换一次溶氧膜,但在水质条件好、维护得当的情况下,甚至可长达半年换一次溶氧膜,前提是每次标定读数正常。

⑥测量时如果底部不断冒气泡,应将传感器头朝上,绑在电缆上,不能让气泡停留在溶氧膜表面。

⑦溶解氧测定仪传感器测量时需要搅拌,适当的搅拌有利于获得真实的溶氧读数。

(三) 溶解固形物

溶解固形物是指已被分离悬浮固形物后的滤液经蒸发干燥所得的残渣。

1. 测定过程简述

取一定量已过滤充分摇匀的澄清水样(水样体积应使蒸干残留物的质量在100mg左右),逐次注入烘箱至恒重的蒸发皿中,在水浴锅上蒸干。

将已蒸干的样品连同蒸发皿移入105~110℃的烘箱中烘2h。

取出蒸发皿放在干燥器内冷却至室温,迅速称重。

在相同条件下烘0.5h,冷却后称重,如此反复操作直至恒重。

2. 测定过程常见问题及解决措施

(1) 常见问题:

①水样体积不当。

②恒重的温度和时间等条件不一致。

③称重不及时。

④在蒸干、烘干过程中样品污染。

(2) 解决措施:

①确定水样体积。要求水样体积应使蒸干残留物的称量在100mg左右。

②恒重的温度和时间等条件必须要一致。

③迅速称重。

④为防止蒸干、烘干过程中落入杂物而影响试验结果,必须在蒸发皿上放置玻璃三脚架

并加盖表面皿。

(四) 磷酸盐

在 0.6mol/L 的酸度（$1/2H_2SO_4$）下，磷酸盐与钼酸盐和偏钒酸盐形成黄色的磷钒钼酸。磷钒钼酸的最大吸收波长为 355nm，一般可在 420nm 的波长下测定。

1. 测定过程简述

（1）工作曲线绘制

按操作规程绘制磷酸盐标准滴定溶液的工作曲线。

（2）水样的测定

取水样 50mL 注于比色管中，加 5mL 钼钒酸显色溶液，摇匀，放置 2min，并以试剂作空白参比，在与绘制工作曲线相同的比色皿和波长条件下，测定其吸光度。

2. 测定过程常见问题及解决措施

（1）常见问题：

①样品测定和工作曲线制作温度不一致。

②显色速度慢。

③显色时间不够。

④水样浑浊。

⑤磷酸根离子含量不在 2~50mg/L 范围。

（2）解决措施：

①水样温度应与绘制工作曲线时的显色温度大致相同，如果温差大于 5℃，则应采取加热或冷却措施。

②为避免硅酸盐有干扰，显色时控制水样酸度在 0.6mol/L。

③显色 2min 后进行比色。

④可过滤水样后测定。

⑤磷酸根离子含量不在 2~50mg/L 范围时，应当酌情增加或减少水样量。高浓度水样可以适当稀释后进行测定。总之，必须将水样显色后的颜色控制在标准色阶范围内。

(五) 碱度

1. 测定过程简述

取 100mL 透明水样，置于锥形瓶中，加入 2~3 滴 1% 甲基橙指示剂，用硫酸标准滴定溶液滴定，溶液橙红色为终点。

2. 测定过程常见问题及解决措施

（1）常见问题：

①用水量不当。

②余氯干扰大。

（2）解决措施：

①以滴定时消耗酸量 20mL 为宜。

②水样中余氯 >1mg/L 时会影响指示剂的变色，可以加入 0.1mol/L 硫代硫酸钠溶液 1~2 滴消除干扰。

(六) 电导率

溶解于水的酸、碱、盐电解质，在溶液中解离成正、负离子，使电解质溶液具有导电能力,其导电能力大小可用电导率表示。

电解质溶液的电导率,通常是用两个金属片(即电极)插入溶液中,测量两极间电阻率的大小来确定。电导率是电阻率的倒数,其定义是电极截面积为 $1cm^2$、极间距离为 $1cm$ 时该溶液的电导。

1. 测定过程简述

取 50~100mL 水样(温度 25℃±5℃)放入塑料杯或硬质玻璃杯中,将电极用被测水样冲洗 2~3 次后,浸入水样中进行电导率测定,重复取样测定 2~3 次,测定结果读数相对误差在 ±3% 以内,即为所测的电导率值(采用电导仪时读数为电导值),同时记录水样温度。

2. 测定过程常见问题及解决措施

(1) 常见问题:

①电极选择错误。

②指针抖动。

③量程选择不当。

④读数不稳定。

⑤电极露在空气中时面板显示不为 0。

(2) 解决措施:

①电极的选择。根据水样电导率的大小,选择电导池常数不同的电极,参见表 4-2。

表 4-2 电导池常选择表

水样电导率,μS/cm	0~100	100~200	>200
电导池常数,cm^{-1}	<0.1	0.1~1.0	1.0~10

将选择好的电极用二级试剂水洗净,再用一级试剂水冲洗 2~3 次,浸泡在一级试剂水中备用。

②消除磁场或防止电极引线晃动。

③选择合适的量程。

④电极老化,更换电极。

⑤电极脏了,清洗电极或更换电极。

3. 电导率仪的保养和维护

(1) 保证环境温度为 5~40℃、相对湿度 50%~85%。

(2) 供电电压:(220±10%) V、(50±2%) Hz。

(3) 每次使用完后,应将电极浸泡在蒸馏水中。

(4) 电极有污染应根据污染物的性质,用适当的溶液清洗。

(5) 仪器的输入端必须保持清洁干燥,仪器不用时应罩上防尘罩。

(6) 浸泡电极的蒸馏水要干净,不被污染。

(7) 电极的引线不能受潮,否则会影响测量的准确性。

(8) 测量时,电极的引线应保持静止,否则会引起测量不稳定。

(9) 定期更换标准滴定溶液。

(10) 操作过程中发现仪器异常现象,及时关闭主机电源。

(11) 不知被测溶液电导率大小时,应先将其置于最高电导率测量挡,然后逐挡下降,防止表针因冲击过猛而被打弯。

（12）电导率仪器每年检定1次。

（13）测量完毕，取出电极，用蒸馏水洗净后放回电极盒内，切断电源，擦净仪器，放回仪器箱内。

（14）测量时电极表面不得有气泡。

（15）电极表面要保持清洁，没有油污。

（16）电导率仪要防潮、防尘，保持绝缘性能良好，防止震动冲击，以免线路接触不良或短路。

（七）硬度

在pH为10.0±0.1的被测溶液中，用铬黑T作指示剂，以乙二胺四乙酸二钠盐（EDTA）标准滴定溶液滴定至蓝色为终点。根据消耗EDTA的体积，即可计算出水中硬度的含量。

1. 测定过程简述

取适量透明水样注于250mL锥形瓶中，用除盐水稀释至100mL。

加入5mL氨—氯化铵缓冲溶液和2滴0.5%铬黑T指示剂，不断摇动下，用EDTA标准滴定溶液滴定至溶液由酒红色变为蓝色即为终点，记录EDTA标准滴定溶液所消耗的体积。根据EDTA耗量计算出水样中的硬度。

2. 测定过程常见问题及解决措施

（1）常见问题：

①溶液的酸度不当。

②碳酸盐干扰。

③水样温度过低。

④金属离子干扰。

（2）解决措施：

①用缓冲溶液控制溶液的pH值在10.0±0.1。

②碳酸盐含量较高的水样有可能析出碳酸盐沉淀，使滴定终点延长。可以在加入缓冲溶液前，先稀释或先加入所需EDTA标准滴定溶液80%~90%（记入在滴定消耗的体积内）。

③水温较低时，络合反应速度较慢，易造成滴定过量。当温度较低时应将水样预先加热至30~40℃，进行测定。

④在加入指示剂前，加入2mL 1%的L-半胱氨酸盐和2mL三乙醇胺（1+4）进行联合掩蔽，或先加入所需EDTA标准滴定溶液80%~90%（记入在滴定消耗的体积内），即可消除干扰。

第二节 废水测定

目前天然气净化厂废水分析项目有pH值、COD_{Cr}、硫化物、油、悬浮物、氨氮、溶解氧等。

一、分析废水的目的、意义和控制指标

通过对天然气净化厂废水的分析，可指导污水处理装置调整和优化操作，确保处理后的

排放水符合国家的环保要求。

根据 GB 8978—1996《污水综合排放标准》，污水综合排放指标见表 4-3。

表 4-3 《污水综合排放标准》

序　号	项　目	指　标
1	pH	6~9
2	SS	70mg/L
3	COD	100mg/L
4	BOD_5	30mg/L
5	石油类	10mg/L
6	S^{2-}	1.0mg/L
7	挥发酚	0.5mg/L
8	氨氮	15mg/L

二、测定过程常见问题及解决措施

（一）COD_{Cr}（GB/T 11914—1989《水质 化学需氧量的测定 重铬酸盐法》）

在水样中加入已知量的重铬酸钾溶液，并在强酸介质下以银盐作催化剂，经沸腾回流后，以试亚铁灵为指示剂，用硫酸亚铁铵滴定水样中未被还原的重铬酸钾，由消耗的硫酸亚铁铵的量换算成消耗氧的质量浓度。

1. 测定过程简述

于试料中加入 10.0mL 重铬酸钾标准滴定溶液和几颗防爆沸玻璃珠，摇匀。

将锥形瓶接到回流装置冷凝管下端，接通冷凝水。从冷凝管上端缓慢加入 30mL 硫酸银—硫酸试剂，不断旋动锥形瓶使之混合均匀。自溶液开始沸腾起回流 2h。冷却后，用 20~30mL 水自冷凝管上端冲洗冷凝管后，取下锥形瓶，再用水稀释至 140mL 左右。

溶液冷却至室温后，加入 3 滴邻菲啰啉指示剂溶液，用硫酸亚铁铵标准滴定溶液滴定，溶液的颜色由黄色经蓝绿色变为红褐色即为终点。记下硫酸亚铁铵标准滴定溶液的消耗毫升数。

2. 测定过程常见问题及解决措施

（1）常见问题：

①水样不均匀。

②不能及时分析的水样，未添加保护剂进行固定。

③氯化物干扰，使测定结果偏高。

④硫酸银—硫酸试剂加入不正确。

⑤消解时溶液受热不均而突沸。

⑥硫酸亚铁铵溶液不稳定。

⑦试样用量不当。

⑧回流时间不够。

⑨回流结束后，未用水冲洗冷凝管，致使样品损失。

⑩滴定时溶液温度过高。

(2) 解决措施：

①采样瓶在水样池中不同部位、不同深度多点取样进行混合后，取混合样进行分析。

②采集的样品必须及时分析，如果不能及时分析，应加入硫酸至 pH<2，置 4℃下保存。但保存时间不多于 5 天。

③加入硫酸，经过回流后氯离子与硫酸生成可溶性的氯汞络合物而消除氯离子的干扰。

④从冷凝管上端缓慢加入 30mL 硫酸银—硫酸试剂，防止低沸点有机物逸出。

⑤消解样品前，在样品中加入 3~5 粒 ϕ3mm~ϕ5mm 的玻璃珠。

⑥硫酸亚铁铵溶液必须在每天使用前用重铬酸钾标准滴定溶液进行标定。

⑦对于一个未知水样，确定合适的试样用量难度较大。由于天然气净化厂是连续处理污水，一般情况下可以粗略的估计水样的 COD 值，而确定稀释倍数。对于不知道水样的 COD 值时（有时 COD 值高达 100000mg/L 以上），可以先在容量瓶中将水样稀释 100 倍后，按测定方法消解 5min，观察溶液颜色，如呈黄色或淡黄色，说明稀释的合适，如呈绿色，说明要加大稀释倍数继续确定，直到找出恰当的稀释倍数为准。

⑧自溶液开始沸腾起回流 2h。

⑨冷却后，用 20~30mL 水自冷凝管上端冲洗冷凝管。

⑩溶液冷却至室温后进行滴定。

(二) 硫化物（GB/T 16489—1996《水质　硫化物的测定　亚甲基蓝分光光度法》）

样品经酸化，硫化物转化成硫化氢，用氮气将硫化氢吹出，转移至盛乙酸锌—乙酸钠溶液的吸收显色管中，与 N，N-二甲基对苯二胺和硫酸铁铵反应生成蓝色的络合物亚甲基蓝，在 665nm 波长处测定。

1. 测定过程简述

1）标准曲线绘制

按规程绘制标准曲线。

2）样品测定

(1) 沉淀分离。

对于无色、透明、不含悬浮物的清洁水样，采用沉淀分离法测定。

(2) 酸化—吹气—吸收法。

对含悬浮物、浑浊度较高、有色、不透明的水样，采用酸化—吹气—吸收法测定。

2. 测定过程常见问题及解决措施

1）采样

(1) 常见问题：

①在曝气时采样。

②水样未固定。

③水样未充满瓶。

(2) 解决措施：

①由于硫离子很容易被氧化，硫化氢易从水样中逸出，因此在采样时应防止曝气。

②采样时应先加乙酸锌—乙酸钠溶液，再加水样。通常氢氧化钠溶液的加入量为每升中性水样加 1mL，乙酸锌—乙酸钠溶液的加入量为每升水样加 2mL，硫化钠含量较高时应酌情多加直至沉淀完全。

③水样应充满瓶，瓶塞下不留空气。

2）测定

（1）常见问题：

①未进行预吹，系统中空气会氧化硫化物。

②酸化后吹气速度不合适，吹气速度过大，吸收不完全。

③吹气时间不够，硫化氢未完全吹出，导致结果偏低。

（2）解决措施：

①进样前应以 200~300mL/min 的速度预吹 2~3min。

②酸化后以 300mL/min 的速度吹气。

③吹气 30min，使硫化氢完全吹出。

（三）油类（GB/T 16488—1996《水质　石油类和动植物油的测定　红外光度法》）

用四氯化碳萃取水中的油类物质，测定总萃取物，然后将萃取液用硅酸镁吸附，经脱除动植物油等极性物质后，测定石油类。总萃取物和石油类的含量均由波数分别为 $2930cm^{-1}$（CH_2 基团中 C—H 键的伸缩振动）、$2960cm^{-1}$（CH_3 基团中 C—H 键的伸缩振动）和 $3030cm^{-1}$（芳香环中 C—H 键的伸缩振动）谱带处的吸光度 A_{2930}、A_{2960} 和 A_{3030} 进行计算。动植物油的含量按总萃取物与石油类含量之差计算。

1. 测定过程简述

1）萃取

将一定体积的水样全部倾入分液漏斗中，加盐酸酸化至 pH≤2，用 20mL 四氯化碳洗涤采样瓶后移入分液漏斗中，加约 20g 氯化钠，充分振荡 2min，并开启活塞排气。静置分层后，将萃取液经已放置约 10mm 厚度无水硫酸钠的玻璃砂芯漏斗流入容量瓶内。用 20mL 四氯化碳重复萃取一次。取适量的四氯化碳洗涤玻璃砂芯漏斗，洗涤液一并流入容量瓶，加四氯化碳稀释至标线定容，并摇匀。

2）测定

以四氯化碳作参比溶液，使用适当光程的比色皿，在 $3400cm^{-1}$ 至 $2400cm^{-1}$ 之间分别对萃取液和硅酸镁吸附后滤出液进行扫描，于 $3300cm^{-1}$ 至 $2600cm^{-1}$ 之间画一直线作基线，在 $2930cm^{-1}$、$2960cm^{-1}$ 和 $3030cm^{-1}$ 处分别测量萃取液和硅酸镁吸附后滤出液的吸光度 A_{2930}、A_{2960} 和 A_{3030}，并分别计算总萃取物和石油类的含量，按总萃取物与石油类含量之差计算动植物油的含量。

2. 测定过程常见问题及解决措施

1）采样

（1）常见问题：

①未单独采样。

②采样部位不正确。

（2）解决措施：

①油类物质要单独采样，不允许在实验室内再分样。

②采样时，应连同表层水一并采集，并在样品瓶上作一标记，用以确定样品体积。当只测定水中乳化状态和溶解性油类物质时，应避开漂浮在水体表面的油膜层，在水面下 20~50cm 处取样。

2）测定

（1）常见问题：

①直接萃取操作时未酸化或酸化不够。
②萃取不完全。
③未使用脱水剂或脱水剂用量不够。
④萃取时未加破乳剂。
⑤萃取液不符合要求。
（2）解决措施：
①直接萃取操作时加盐酸酸化至 pH≤2。
②应充分振荡 2min 以上。
③应放置约 10mm 厚度无水硫酸钠萃取。
④萃取时应加约 20g 氯化钠进行破乳。
⑤四氯化碳要用优级纯。如用其他等级的，要蒸馏除去杂物。

3. 油分测定仪常见故障判断及排除
（1）吸收峰偏移，是基准波长发生偏移，可以重新设定基准波长；
（2）信号噪声大，是电压不稳、电磁场干扰，可以安装稳压电源，仪器安装在无强烈电磁场干扰的实验室；
（3）样品分析重复性差，是基准波长发生偏移，可以重新设定基准波长，然后重新空白调零；
（4）样品测定无能量，是扫描停滞、电动机卡住，可以拆开单色器底盖，用手将螺母旋至远离电动机丝杆 2/3 处；
（5）最小检出偏大，是四氯化碳不干净、零点不稳，可以选用纯净四氯化碳，然后重新空白调零；
（6）进样时，注射器内空气必须排净；
（7）样品和零点液所用注射器不得共用一支；
（8）每测定一次样品后，要用四氯化碳洗净管路。

4. 油分测定仪的保养和维护
（1）保证室内温度为 5～35℃、相对湿度不超过 90%、不含有能腐蚀物品的物质；
（2）仪器测定过程避免强电场、强磁场、空气温度和压力强烈变化；
（3）仪器运行期间，计算机禁止进行其他操作；
（4）操作过程中发现仪器异常现象，及时关闭主机电源。

（四）悬浮物（GB/T 11901—1989《水质　悬浮物的测定　重量法》）

水质中的悬浮物是指水样通过孔径为 0.45μm 的滤膜，截留在滤膜上并于 103～105℃ 烘干至恒重的固体物质。

1. 测定过程简述

量取充分混合均匀的试样 100mL 抽吸过滤，使水分全部通过滤膜。再以每次 10mL 蒸馏水连续洗涤 3 次，继续吸滤以除去痕量水分。停止吸滤后，仔细取出载有悬浮物的滤膜放在原恒重的称量瓶里，移入烘箱中于 103～105℃ 下烘干 1h 后移入干燥器中，使冷却到室温，称其质量。反复烘干、冷却、称量，直至两次称量的质量差≤0.4mg 为止。

2. 常见问题及解决措施
（1）常见问题：
①滤膜未恒重或恒重不合要求。
②滤膜未润湿。

③试样用量不当。
④滤膜破裂。
⑤恒重过程温度失控。
(2) 解决措施：
①用扁嘴无齿镊子夹取微孔滤膜放于事先恒重的称量瓶里，移入烘箱中于 103~105℃ 烘干 0.5h 后取出置于干燥器内冷却至室温，称其质量。反复烘干、冷却、称量，直至两次称量的质量差≤0.2mg。
②将滤膜恒重后固定在滤膜托盘上，防止滤膜破裂，盖上配套的漏斗，用夹子固定好。用蒸馏水润湿滤膜，并不断吸滤。
③试样用量过大，滤膜上截留过多的悬浮物可夹带过多的水分，延长干燥时间，造成过滤困难；试样用量过小，滤膜上的悬浮物过少，增大称量误差。掌握好试样用量，一般以 5~100mg 悬浮物作为量取试样体积的范围。
④抽滤过程中防止滤膜破裂，滤膜破裂更换滤膜重新测定。
⑤恒重过程注意温度变化，烘箱温度控制在 103~105℃。

(五) 铵（GB/T 7479—1987《水质 铵的测定 纳氏试剂比色法》）

调节水样至 pH 值为 6.0~7.4，加入氧化镁使呈微碱性。蒸馏释出的氨被接收瓶中的硼酸溶液吸收。以甲基红—亚甲蓝为指示剂，用酸标准滴定溶液滴定馏出液中的铵。

1. 测定过程简述

取 50mL 硼酸指示剂溶液，放入蒸馏器的接收瓶内，确保冷凝管出口在硼酸溶液液面之下。量取选定体积的试份，放入蒸馏烧瓶内。加几滴溴百里酚酞指示剂，必要时，用氢氧化钠或盐酸溶液，调整 pH 值在 6.0（指示剂呈黄色）~7.4（指示剂呈蓝色）之间，然后加水，使蒸馏烧瓶中液体的总体积约为 350mL。向蒸馏烧瓶中加入 0.25g 轻质氧化镁及少许防爆沸颗粒，立即将蒸馏烧瓶与冷凝管接好。加热蒸馏，使馏出液的收集速度为 10mL/min，收集约 200mL 时停止蒸馏。定容至 250mL。用盐酸标准滴定液，滴定馏出液到紫色为终点，记录下用量。

按以上步骤进行空白试验，但用 250mL 水代替试份。

2. 测定过程常见问题及解决措施

(1) 常见问题：
①蒸馏仪漏气。
②样品中有干扰。
③未调节水样酸度。
④馏出液的收集速度不当。
⑤馏出液收集量不当。
(2) 解决措施：
①检查蒸馏装置的气密性。
②如果试份中存在余氯，应加入几粒结晶硫代硫酸钠（$Na_2S_2O_3$ 或 $Na_2S_2O_3 \cdot 5H_2O$）除去。
③加几滴溴百里酚酞指示剂，用氢氧化钠或盐酸溶液调整 pH 值在 6.0（指示剂呈黄色）~7.4（指示剂呈蓝色）之间。
④馏出液的收集速度控制为 10mL/min。

⑤馏出液收集约 200mL 时停止蒸馏。

第三节 循环水水质分析

天然气净化厂循环水分析项目有 pH 值、浊度、总磷、总碱、总硬、余氯、电导率等。

一、分析循环水的目的和意义

通过对天然气净化厂循环水的分析，可指导循环水处理装置调整和优化操作，为天然气净化装置提供优质的循环冷却水，减轻管线设备的腐蚀和结垢，确保天然气净化装置安全、平稳、低耗运行。

二、测定过程常见问题及解决措施

(一) 总磷

酸性条件下，利用强氧化剂过硫酸铵，加热分解水样中的有机磷酸盐为正磷酸盐，同时也促使聚磷酸盐水解为正磷酸盐，与钼酸钠生成磷钼杂多酸，被硫酸肼还原成磷钼蓝后进行光度法测定。

1. 测定过程简述

1) 标准曲线绘制

按规程绘制标准曲线。

2) 样品测定

准确吸取 10mL 经慢速滤纸过滤后的水样于 125mL 高型烧杯中，加入 1mL 0.5mol/L 的硫酸溶液和 50mg 过硫酸铵分解剂（或片剂一片），将烧杯放在置有石棉网的电炉上，均匀加热煮沸至溶液恰好干涸并冒浓厚白烟为止。

稍冷，加入 5mL Ⅲ级试剂水、40~50mg 亚硫酸钠粉末（或片剂一片），再在电炉上微沸 30s，取下。将溶液小心转移至 50mL 比色管中，并用少量Ⅲ级试剂水冲洗原烧杯几次，洗液并入比色管中，此时溶液体积应控制在 15mL 左右。

加入 4mL 钼酸钠—硫酸溶液和 1mL 0.15% 硫酸肼溶液，在沸水浴中煮沸 10min，取出，流水冷却，用Ⅲ级试剂水稀释至刻度，混匀。

立即用 1cm 比色皿，以试剂空白为对照，在波长 660nm 处测定其吸光度，从标准曲线上查得相应的总磷酸盐（以 PO_4^{3-} 计）含量（mg）。

2. 测定过程常见问题及解决措施

(1) 常见问题：

①水样浑浊。

②水样消解不正确。

③剩余消解剂未除尽。

④显色时溶液量控制不当。

⑤显色不正确。

(2) 解决措施：

①水样浑浊时可以用慢速滤纸过滤。

②均匀加热煮沸至溶液恰好干涸并冒浓厚白烟为止。

③消解结束稍冷后,加入 5mL Ⅲ级试剂水,40~50mg 亚硫酸钠粉末(或片剂一片),再在电炉上微沸 30s。

④将消解后溶液转移至 50mL 比色管中,并用少量Ⅲ级试剂水冲洗原烧杯几次,洗液并入比色管中,此时溶液体积应控制在 15mL 左右。

⑤将比色管沸水浴中煮沸 10min,取出,流水冷却。

(二)余氯

在 pH<1.8 的酸性溶液中,余氯与邻联苯胺反应,生成黄色的醌式化合物,用目视比色法定量。

1. 测定过程简述

在 50mL 比色管中,先加入 2.5mL 邻联甲苯胺溶液,加水样至 50mL 刻度,混合后立即比色,所得结果为游离余氯;放置 10min 后,比色结果为总余氯,总余氯-游离余氯=化合余氯。

2. 测定过程常见问题及解决措施

(1)常见问题:

①水样酸度控制不正确。

②水样存在干扰物质。

③水样温度控制不当。

(2)解决措施:

①必须先调节水样的 pH 值为 4 后再测定。

②水样中 Fe^{2+} >0.12mg/L 时,干扰余氯的测定。在每 50mL 水样中加入 1~2 滴 EDTA 消除干扰。

③水样的温度控制在 15~20℃。

(三)浊度

天然气净化厂水质浊度测定方法通常有分光光度法和浊度仪法(GB 13200—1991《水质 浊度的测定》)。

1. 分光光度法

在适当温度下,硫酸肼与六次甲基四胺聚合,形成白色高分子聚合物,以此作为浊度标准液,在一定条件下与水样浊度相比较。

样品应收集到具塞玻璃瓶中,取样后尽快测定。如需保存,可保存在冷暗处不超过 24h。测试前需激烈振摇并恢复到室温。

所有与样品接触的玻璃器皿必须清洁,可用盐酸或表面活性剂清洗。

1)测定过程简述

①标准曲线的绘制

吸取浊度标准液 0、0.50、1.25、2.50、5.00、10.00 及 12.50mL,置于 50mL 的比色管中,加水至标线。摇匀后,即得浊度为 0.4、10、20、40、80 及 100 度的标准系列。于 680nm 波长,用 30mm 比色皿测定吸光度,绘制校准曲线。

②测定

吸取 50.0mL 摇匀水样(无气泡,如浊度超过 100 度可酌情少取,用无浊度水稀释至 50.0mL),于 50mL 比色管中,按绘制校准曲线步骤测定吸光度,由校准曲线上查得水样浊度。

2）常见问题及解决措施

（1）常见问题：

①未使用无浊度水。

②贮备液制备错误。

③试样瓶污染。

④水样中有气泡。

⑤测试前水样未摇匀。

⑥测定时水样温度过高。

（2）解决措施：

①使用无浊度水。

②制备浊度为400FTU 的福马肼贮备液时，只能将贮备液放置24h 后，再稀释，不能将贮备液先稀释，再放置24h，否则会出现很大的误差。

③用盐酸或表面活性剂清洗试样瓶。

④排除水样中的气泡。

⑤测试前激烈振摇水样瓶。

⑥水样温度冷却至室温时再测定。

2. 浊度仪法

浊度仪是利用液体试样微粒对入射光的散射量做定性或定量分析的一种手段。当探测器的光敏面的法线方向与入射光束成一直线布置时，直接测量因试样微粒散射而降低了的入射光强度，这种测量原理被称为比浊法，它与吸收光谱光度法非常相似。不同的是，比浊法中入射光强度降低是由散射造成的，吸收光度测量中是由吸收造成的。

1）浊度仪的选用原则

当散射辐射强度与入射辐射强度之比不接近0 或1 时，比浊法的测量结果最准确。也就是说，浊度值大于0.05、小于1 时最好选用比浊法。

由于瑞利散射和拉曼散射使入射光强度减弱不多，这时浊度测量法的测量更可靠。也就是说，当浊度值低于0.05 时，浊度测定法显示出其优越性，因为在黑背景上的微弱散射光比本身很强的透射光的微弱变化更易于测量。

2）浊度仪的维护（以 HACH 2100P 浊度仪为例）

（1）清洁。

保持浊度仪和配件清洁。不使用时，置于箱子中，不要把仪器长时间放在太阳光和紫外线下，用不含腐蚀剂的实验室清洁剂清洗样品池，用蒸馏水或去离子水冲洗样品池，保持空气干燥。把样品池插入仪器中时，避免有水汽和手指印。否则，读数将不准确。

（2）更换电池。

AA 碱性电池的寿命在信号平均模式关闭的情况下测试约 300 次，在信号平均模式开的情况下能用 180 次。如果"battery"图标闪烁，表明需要更换电池了。如果电池在30s 内就能换好，仪器将保留最近一次的测量范围和信号平均的选择模式。如果大于30s，则仪器使用缺省模式。如果更换电池后电池是好的，而仪器无法启动或关闭，首先取出电池，重新安装。

（3）更换灯源。

用一个小的十字螺丝刀，移开和安装灯泡的引线，在更换灯泡后，仪器须重新校准。

①把仪器翻过来，打开电池盖和电池。

②抓住在配件左边的突出的小杆子，打开灯泡组件，轻轻把组件向仪器的后部移动。

③向靠近仪器的一边方向旋转小杆子，组件将被释放出来。

④用螺丝刀转 1~2 圈，将旧灯泡引线取出。

⑤轻轻把新灯泡组件的引线扭成"L"形状，进行安装。把引线插入螺孔中拧紧，轻轻拉一下电线，确保连接好。

⑥抓住灯泡组件的小杆子，灯泡对着仪器的顶部。把灯泡组件滑进黑色塑料缝中。

⑦抓住 U 形的小杆子的底部，塞进细缝。

⑧用大拇指把组件压着向前，直到压不动为止。

⑨重新安上电池及电池盖。

⑩插入 800NTU 的一级标准，按住"READ"键，然后再按下"I/O"键，在软件版本号消失后（若仪器的序列号小于 920300000800 时，"2100"消失）放开"READ"键。

⑪用一个小的一字螺丝刀插入位于仪器底部的一个小孔，调节散射光的放大器。直到读数范围是 2.5V±0.3V（当"2100"显示时，应为 2.0V）。

⑫按"I/O"键，让细调模式通过。

⑬按照仪器校准程序，执行一级标准校准。

3）浊度仪故障诊断及排除（以 HACH 2100P 浊度仪为例）

（1）使用诊断功能键。

按"DIAG"键进入诊断功能。在任何时候都可以按下这个键进入诊断模式，此模式将存取有关仪器性能的信息。

（2）诊断步骤。

①用清洁的水注入干净的样品池至刻度线，然后放入仪器内，按"READ"键直到读数完成。

②按"DIAG"键，"DIAG"图标和"1"将出现，仪器将测量灯源关闭下电池的电压，然后显示其电压值（V），然后灯源图标显示，仪器将测量灯源打开情况下的电压，按"READ"键，重复测量。

③为了连续显示灯源开时的电压，可以按"→"键，灯源图标将闪烁，按"→"键，关闭灯源图标。

④按"↑"键，进入其他的诊断。每按一次此键，在"DIAG"图标下将有一个小的数字显示及诊断的测量值出现，每按"READ"键，将使此值升级，为了能在灯源关掉而又打开的情况下测量。当进入诊断模式后，灯源关掉时测量将显示，为在第二次看到测量时看到光源开的时候的测量值，按"→"键，灯源图标将闪烁，灯开时的电压将显示，按"→"键关闭灯源图标。

（3）错误信息。

错误信息指的是样品的干扰或仪器的故障。

①闪烁的数字显示。

如果所选量程的最高值正在闪烁，表明样品对于所选的范围太浑浊了。在自动或手动的量程范围内，如果样品的浊度超过仪器的量程，"1000"将闪烁。在手动模式下，如果所有

"9.99"或者"99.9"闪烁,选择下一个更高的量程。如果样品进入所选的量程范围,显示将不闪烁。

②E 信息。

一个错误的信息表明仪器失败或操作不能执行。但可以按"DIAG"键取消(显示将返回到上一次的测量或校准值)。仪器继续操作。如果在校准过程中出现错误信息,操作仍能进行。当一个校准被计算时,在错误信息出现时,仪器将放弃新的校准,返回旧的校准下,错误的信息及更正措施见表4-4。

表4-4 错误信息及更正措施

信 息	可能的原因	改正的措施
E1	稀释水的浊度≥0.5NTU	用更好一些的稀释水或在使用前用膜过滤水
E2	两个标准相同或相差<60NTU	重新检查标准样的准备过程,重新校准
E3	低亮度错误	重新测量,检查光源,检查光路,可能需要稀释
E4	内存失效	检查全部失败,按"I/O"键,如果"CAL?"出现,重新校准
Err05	A/D 转换超出量程	检查光路
Err06	A/D 转换太低	在测量和重复测量过程中检查盖子是否打开,检查被阻塞的光路
Err07	漏光	在按"READ"键前,盖上盖子
Err08	光源光路出现故障	重新连接灯源引线,确保引线顶端没有互相碰上

③当仪器使用出厂前定下的缺省校准时,将出现一个闪烁的"CAL?"。如果分析人员为了储存这个缺省的校准数据而删除了用户自己的校准数据时,或按"DIAG"键消除 E4 错误时,"CAL?"将出现。当"CAL?"出现时,尽量重新校准一次。当一个校准有问题时,"CAL?"不再闪烁。

④使用前先将探头光路系统上的污物洗净。

⑤仪器零点校正应在蒸馏水或清洁的自来水中进行。

⑥用标准滴定溶液校正时,无法调节到理论值,是灵敏度下降,是光源灯泡衰老所致,应更换。

第四节 甲醇回收装置水质测定

一、原料水及塔底水甲醇含量的分析

(一)分析方法简述

使用气相色谱法可以分析出污水及塔底水的甲醇含量,使用 FID 检测器对低含量的甲醇进行分析。

1. 试剂及溶液

载气为氢气或氮气,纯度不低于99.999%。标准样按含醇污水中的甲醇含量方法、用色谱纯甲醇进行配制。

2. 仪器设备

能升温并配有 FID 检测器的气相色谱,微量进样器(1~10μL),具有密封垫的小样品瓶(5~10mL),采样瓶(聚四氟乙烯或硬质玻璃材质)。

3. 操作条件

色谱柱为毛细柱,载气氢气或氦气,进样口温度 200℃(分流),检测器(FID),温度 250℃,柱温 120℃。

4. 操作步骤

打开空气发生器及氢气发生器电源,使色谱仪压力控制在 89.6kPa,打开面板上的氢气、辅助气及 FID 空气旋钮,调节流量到规定流量值,同时检查连接管的密闭性。

待载气压力上升后,依次开启色谱仪电源、计算机电源与显示屏电源,并且在面板上设定所需温度。

样品的分析:将 FID 检测器点火,色谱仪显示"ready"后,进入工作站,打开控制软件,填写"样品名、操作员"等信息,待色谱仪稳定后,用微量注射器进行进样,每次 1μL,待分析完后,点击"报告",即可查看报告、结果。

选中所配置的标准样品分析结果,重新进行积分,并制作分析方法或校正因子。最后选中目标分析的样品,点击"查看报告"即可对分析结果进行查看。

关闭载气、空气旋钮,降低色谱仪的设定温度,关闭所有窗口,关闭计算机,待温度降低后,关闭色谱仪电源,关闭空气发生器及氢气发生器电源。

(二)测定过程常见问题及处理

1. FID 无法点火

(1)原因分析:

①氢气流速不稳。

②空气压力不稳。

③FID 点火装置损坏。

(2)解决措施:

①调整氢气流速。

②调整空气压力。

③更换或维修 FID 点火装置。

2. 出峰时间重复性差

(1)原因分析:

①进样口压力、温度不稳。

②气路连接不紧密。

(2)解决措施:

①待压力、温度稳定后再进样。

②检查气路是否有漏气。

3. 结果重复性差

(1)原因分析:

①进样针污染。

②进样垫漏气。

(2)解决措施:

① 清洗进样针。
② 更换进样垫。

二、产品甲醇含量的分析

（一）分析方法

使用 GB/T 6283—2008《化工产品中水分含量的测定 卡尔·费休法》，测定产品甲醇的水分。产品甲醇中的水分与已知滴定度的卡尔·费休试剂进行定量反应。当水分和卡尔·费休试剂反应结束后，通过电位差指示终点。

$$H_2O + I_2 + 3C_5H_5N \longrightarrow 2C_5H_5N \cdot HI + C_5H_5N \cdot SO_3$$

$$C_5H_5 \cdot SO_3 + ROH \longrightarrow C_5H_5NH \cdot OS_2OOR$$

1. 试剂及溶液

卡尔·费休试剂、实验室三级水规格（GB/T 6682）

2. 仪器材料

卡尔·费休滴定仪，电子天平（量程 1~100g，精确到 0.001g），进样针（1~10mL），密封进样垫，5A 分子筛（直径 3~5mm 颗粒，用作干燥剂）

3. 样品测定

打开卡尔·费休测定仪，预热 10~20min。

用目标样品将进样针润洗 2~3 遍，后抽取一定量的产品甲醇，将进样针头用滤纸擦洗干净后，放在电子天平上进行称量，记录样品质量 M_1。

将进样针透过密封进样垫插入卡尔·费休测定仪的滴定杯中，进样 5~6 滴溶液，并确定针头无样品遗留。点击"开始"进行滴定。进样后再称量进样针及样品质量，记录样品质量 M_2。

待滴定终点后，记录卡尔·费休试剂消耗量 M_3。

整理好数据，将天平、卡尔·费休测定仪器关闭，清洗进样针及取样瓶。

（二）分析常见问题及处理

1. 测定重复性差

（1）原因分析：样品在滴定过程中未能全部反应。

（2）解决措施：操作时尽量全部样品进入滴定池中反应。

2. 滴定无法进行

（1）原因分析：卡尔·费休试剂使用完毕。

（2）解决措施：更换卡尔·费休试剂。

第五章 分析作业的安全特点及基本安全要求

第一节 分析作业安全特点

在天然气净化分析操作过程中，涉及大量的危险介质，其中易燃易爆的危险介质有含硫天然气、净化天然气，有毒的危险介质有含硫酸气、含硫天然气、闪蒸气、系统中的富液、含硫化氢较高的污水等，这些介质中含硫化氢、有机硫化物等剧毒物质。在取样操作中，可能出现中毒、窒息、爆炸、灼烫、高处坠落、物体打击、淹溺等危险。

化验室内操作接触各类玻璃仪器和各种有毒物质时，可能发生灼烫、触电、中毒、窒息及其他伤害。分析操作中还涉及电热设备、色谱工作站、钢瓶等设备。在这些设备的使用、检查、维护、保养操作中，可能发生机械伤害、物体打击、灼烫、触电、爆炸及其他伤害等。

一、火灾和爆炸的危险

分析作业场所中，引起火灾和爆炸的原因：
（1）不按操作规程使用、储存、处理易燃、易爆危险品。
（2）火源管理不严，对电炉等加热设备管理不当、控制不严。
（3）电气设备因性能不良或失于维护检查、接触不良、超负荷、短路使电线发热，引起燃烧。
（4）进行蒸馏等基本操作时，违反操作规程、装置安装不当、有泄漏现象等均可引起燃烧爆炸。
（5）氧气瓶和氢气瓶不能同车搬运、同存一处、不能与其他易燃易爆物品混合存放，容易引起爆炸。

二、现场采样的危害和危险

（1）中毒或窒息：对于含硫天然气、酸气、二氧化硫、含硫溶液、含硫污水、含醇污水，若出现管线或设备泄漏、阀门密封不严、吸收液失效等致使有毒气体外泄，人员取样未站在上风口容易造成取样人员中毒。
（2）灼烫：取样人员不按操作规程取贫液和锅炉水：可能发生灼烫。
（3）高处坠落：取样人员在高处取样，若防护栏、平台、扶梯损坏或松动，或上下扶梯未拉扶手或未正确使用安全带，可能发生高处坠落。

三、实验室内的危险

（1）气体危害：钢瓶气体发生泄漏时击中人体，会造成人员伤害。
（2）触电：使用电热设备、大型精密仪器（如色谱工作站、分光光度计、电子天平等），若存在漏电、绝缘失效、保护接地失效，或在未断电的情况下进行维护作业，易发生触电事故。

（3）烫伤：使用高温炉等设备设施的高温部件，若防护措施失效、人员意外接触，均可造成烫伤。

（4）创伤：违反操作规程进行操作，造成玻璃割伤。

（5）炸伤：未按要求安装防爆设备，引起爆炸致使人体伤害。

（6）烧伤：使用电热设备加热固体、液体时引起人体伤害。

（7）化学灼伤：违反操作规程操作，化学试剂致使人体皮肤产生损伤。

（8）眼睛外伤：违反操作规程操作，溶液或化学试剂飞溅进入眼睛使其受伤害。

（9）危险化学品中毒：违反操作规程操作，造成分析人员中毒。

第二节　安全基本要求

一、分析工安全要求

分析工在遵循净化厂员工基本安全要求的前提下，还需遵循以下安全要求：

（1）熟练掌握事故报警程序、方法、应急措施、抢险原则，掌握人工呼吸、心肺复苏术、酸碱中毒、有机物中毒、剧毒药品中毒等急救常识和逃生方法。

（2）实验室台面要求整洁，清楚固体废弃物及有毒、有腐蚀性的废液处理程序。

二、现场取样的安全要求

（一）气体取样

（1）潜在危险：高处坠落，中毒，火灾，物体打击，其他伤害。

（2）控制措施：

①对取样口及排放气吸收液进行定期检查和维护保养，发现问题及时处理并上报。

②开关阀门应站在阀门侧面，并站于上风口；开关阀门应缓慢进行，若因冻堵、锈蚀等造成开关困难，应及时处理并上报。

③连接接头和取样管线应无泄漏。

④取样钢瓶和定量管应定期进行检测。

⑤取样完毕确认取样阀门关闭，无泄漏。

（二）溶液取样

（1）潜在危险：中毒，物体打击，灼烫，其他伤害。

（2）控制措施：

①开关阀门应站在阀门侧面，并站于上风口；开关阀门应缓慢进行，若因冻堵、锈蚀等造成开关困难，应及时处理并上报；

②对取样口进行定期检查和维护保养，发现问题及时处理并上报；

③取样时防止烫伤，同时防止未佩戴护目镜溶液溅进眼睛。

（三）锅炉水取样

（1）潜在危险：灼烫，其他伤害。

（2）控制措施：

①对取样口进行定期检查和维护保养，发现问题及时处理并上报；

②开关阀门应站在阀门侧面，开关阀门应缓慢进行，若因锈蚀等造成开关困难，应及时处理并上报；

③取样时避免操作不当造成灼烫。

第三节　化验室安全基本要求

（1）禁止使用化纤拖把和抹布。

（2）禁止乱拉电线、私接用电设施、超负荷用电。

（3）进行实验时禁止离开化验室，必须要离开时要委托他人看管。

（4）做好高温设备维护保养工作，在使用时防止发生火灾或烫伤事故。

（5）保持分析室通风良好。

（6）废弃物必须加以处理后才能排放。

（7）剧毒药品、危险化学品的处置必须由具有资质的单位进行处理。

（8）各种电气设备的金属外壳必须安装安全地线，保持良好的绝缘，不准使用绝缘老化或绝缘损坏的线路及电气设备。

（9）电器上禁止搭放湿物，保持电器及电线的干燥。

（10）需要更换电源或电器的熔断丝时，要查明原因，排除故障后，再按规定换上与符合相适应的熔断丝，不准用铜、铝等金属丝代替熔断丝，否则将烧坏仪器或引起火灾。

（11）使用烘箱或高温炉时，必须检查确认自动控温装置是否状态良好、可靠。使用过程中定时测温，以免温度过高。

（12）禁止将易燃易爆或封闭包装的物品放入烘箱或高温炉加热。

（13）禁止将电线线头直接插入电源插座内使用。接通或关闭电源应确保完全接触，以免因接触不良产生火花，发生安全事故。

（14）使用高压电源工作时，要穿绝缘鞋、戴绝缘手套并站在绝缘垫上。

（15）禁止在实验室内进食。

第四节　化验分析过程的安全基本要求

一、分析用溶液的配制操作

（1）潜在危险：灼烫，中毒，其他伤害。

（2）控制措施：

①开启有腐蚀性、刺激性的试剂瓶（浓盐酸、浓硝酸、浓氨水等）以及加热强酸（盐酸、硝酸、硫酸等）或进行产生有毒、有刺激性气体的实验必须在通风橱中进行，实验时禁止将头伸入通风橱内。

②夏季开启易挥发试剂的瓶塞前，先用冷水冷却试剂瓶，开启瓶盖时不得将瓶口对准自己或他人，防止事故发生。

③稀释浓硫酸时，只能将浓硫酸慢慢倒入水中搅拌，不能把水倒入浓硫酸中，防止酸液飞溅伤人。

④加热药品时,不得将试管口对准自己或他人。
⑤需要闻气体的气味时,只能用手轻轻扇动,让少量气体飘进鼻子,不得对准容器呼吸,以免中毒。
⑥使用有机溶剂时,必须使用橡皮手套,佩戴防护眼镜,同时避免吸入烟雾。
⑦将玻璃棒、玻璃管、温度计插入或拔出橡皮塞管时,应先检查玻璃是否平滑,涂凡士林等润滑剂,慢慢旋转插入或拔出。
⑧不能使用无标签的试样或试剂。

二、滴定分析操作

(1) 潜在危险:灼烫,中毒,其他伤害。
(2) 控制措施:
①进行分析前穿戴好劳保用品,必要时佩带护目镜。
②实验前确保使用的玻璃仪器干燥。
③滴定过程中,要轻取轻放,避免玻璃容器破损造成割伤。
④滴定分析时应配备橡胶手套,避免碘溶液和硫代硫酸钠灼伤皮肤。
⑤使用分光光度计时,检查设备是否良好地绝缘,不准使用绝缘老化或损坏的线路。

三、气相色谱分析的操作

(1) 潜在危险:中毒,火灾,触电,其他伤害。
(2) 控制措施:
①正确开关仪器。
②定期对气路进行检漏。
③观测仪器各项参数是否正常,避免检测器、柱箱温度过高,避免气路压力过高。
④分析室随时保持空气流通。
⑤按照标准分析方法进行操作。
⑥检查、修理色谱仪时,必须截断电源,禁止带电操作。

四、总硫分析操作

(1) 潜在危险:爆炸,火灾,其他伤害。
(2) 控制措施:
①正确开关仪器,禁止用沾染油类的手和工具操作气瓶,以防引起爆炸。
②在开启瓶阀和减压器时,站在侧面操作;开启速度要缓慢,防止有机材料零件温度过高或气流过快产生静电火花。
③定期对气路进行检漏。
④随时观测仪器是否正常,避免温度失控,避免气路压力过高。
⑤分析室随时保持空气流通。
⑥正确敲击安瓿瓶,避免玻璃伤人。

五、电烘箱操作

(1) 潜在危险:火灾,爆炸,其他伤害。

(2) 控制措施：
①烘箱要按照铭牌上所规定的温度范围使用。
②烘箱必须保持接地良好。
③使用前要先检查自控装置是否失灵，必须开放通风的阀门，防止爆炸。
④烘箱附近不得堆放油盆、油桶、棉纱、布屑等杂物。
⑤电阻丝在底部的烘箱，要防止小零件落入烘箱底部与电阻丝接触造成短路。
⑥打开烘箱门时，必须先断电，加温过程中操作者不得离开。
⑦不得在烘箱内存放物品，如工具、器材、零件及油料挥发物。
⑧经过汽油、煤油、酒精、香蕉水等易燃液洗涤过的零件及喷漆过的产品，应在室温下放置15~30min，待绝大部分易燃液体挥发后才能放入烘箱内烘烤，室内应注意通风。
⑨烘箱在工作时，不得进行清洁工作，更不得用汽油擦拭。

六、高温炉使用

（1）潜在危险：火灾，爆炸，其他伤害。
（2）控制措施：
①使用前首先检查确认高温炉处于完好备用状态。
②高温炉要按照铭牌上所规定的温度范围使用。。
③降温时应使其自行冷却，不得将炉门开启。
④使用时，如发现炉内有火花发生或炉温与指定温度不符合时，应立即切断电源，及时汇报。
⑤使用完后应切断电源，将开关以反时针调到零点。把温度调节器置于最低温度挡，关好炉门，方可离开。

第五节　危险化学品的使用

一、潜在危险

危险化学品存在的潜在危险有火灾，爆炸，灼烫，其他伤害。

二、控制措施

（1）危险化学品购入时必须认真组织验收，严格履行保管和使用手续。临时存放的危险化学品，要由专柜双人双锁管理，使用时要由使用人填写使用申请单，负责人审批后方可取用。
（2）危险化学品保管地点应有相应的防火、防爆、防静电、隔离、监测、报警等设施，危险化学品要储存在通风、低温、阴凉、干燥的储存室，特别要注意易发生反应的化学品不能堆放一起。
（3）危险化学物品应当分类、分项存放，相互之间保持安全距离；化学性质防护和灭火方法相互抵触的危险化学品，不得在同一仓库或同一储存室存放。
（4）受阳光照射易燃烧、易爆炸或产生有毒气体的化学危险品和桶装、罐装等易燃液体、气体应当在阴凉通风地点存放。

（5）采用危险化学品进行实验时必须谨慎小心，严格按操作规程进行，做好劳动保护工作，必要时应有人监护。

（6）掌握危险化学品保管方法和危险品燃烧的灭火知识及其它应急知识，在使用的地方应备齐急救器材和用品，定期检查，严防事故的发生。

第六节　使用高压气瓶操作

一、潜在危险

使用高压气瓶存在的潜在危险有爆炸，其他伤害。

二、控制措施

（1）气瓶标志必须清楚，不得擅自改装其他气体，各种附件必须完好，定期检查。

（2）高压气瓶必须存放在阴凉、通风、干燥、远离热源、火源及可燃物仓库的房间里，使用中严禁曝晒。高压气瓶一律不准进化验室。

（3）高压气瓶必须直立放置在稳固的架上予以固定，同时必须有两个橡胶防震圈。搬运前必须戴上安全帽，以防摔断阀门发生事故。搬运中应防止摔撞、滚动、敲击和剧烈震动。如需水平放置，必须采取防止滚动措施。

（4）禁止与强碱、强酸接触，防止水浸，防止被油脂或其他有机化合物沾污。

（5）使用高压气瓶时，必须使用专用的减压器，安装时螺旋要旋紧检漏。

（6）开启气瓶时操作者站在侧面的位置，开启时气门开关与减压器，动作要慢，避免气流击射伤人。

（7）高压气瓶内气体须保留 $0.2 \sim 1 MPa$ 的余气，防止充气或再使用时发生危险，同时也可供充气单位检验取样所需。

（8）高压气瓶要求 3 年检验 1 次，凡到期未经校验或严重锈蚀的钢瓶，严禁使用。

第六章 分光光度计

第一节 分光光度法反应条件的选择

一、分光光度法共存离子的干扰及消除方法

共存物干扰显色一般有以下几种情况:
(1) 共存物本身有颜色。
(2) 共存物与显色剂生成有色化合物或沉淀。
(3) 共存物与被测离子或显色剂作用生成稳定的无色络合物,或发生氧化还原反应,使被测离子或显色剂浓度降低而影响测定。

在实际工作中,一般采用以下几种方法来消除共存物的干扰:
(1) 选择适当的显色条件,以避免干扰(参看显色反应条件的选择)。
(2) 加入掩蔽剂,消除共存离子干扰。掩蔽剂是能与干扰离子或化合物起化学反应、生成无色产物的试剂。
(3) 利用氧化还原反应改变干扰物的化合价态来消除干扰。
(4) 选择不同波长测定吸光度消除干扰物的干扰。
(5) 利用参比液也可以消除显色剂和某些干扰物的干扰。
(6) 利用校正系数消除干扰。具体方法是先测出干扰物影响被测物的定量关系,再从测定结果中扣除干扰物的量。
(7) 采用适当的分离方法分离出干扰物,如采用电解、沉淀、萃取、离子交换等方法将被测物与干扰物分离,再测定吸光度。

二、分光光度法参比溶液的选择

在实际工作中是以通过参比溶液的光强度作为入射光强度。这样所测得的吸光度能够比较真实地反映被测组分的浓度。参比溶液的作用是非常重要的,其选择是光度测定的重要操作条件之一。参比溶液的选择一般可按以下原则进行:
(1) 当试液、显色剂及所用的其他试剂在测定波长处都无吸收时,可采用纯溶剂(如蒸馏水)作参比溶液,称为"溶剂空白"。例如,用过二硫酸铵氧化锰为高锰酸根来测定铝合金中的锰时,因试液和显色剂都是无色的,所以可用水作参比溶液。
(2) 显色剂没有颜色而试液有颜色,或者说在测量波长处,显色剂无吸收,试液有吸收时,应采用不加显色剂的试液作参比溶液,称为"试样空白"。例如,用硫氰酸盐法测定合金钢中的钼时,常用在操作步骤中不加硫氰酸盐而其他操作都相同所得的溶液作参比溶液,这样可以消除 Cr^{3+}、Ni^{2+}、Cu^{2+} 等有色离子的影响。
(3) 若显色剂有颜色,并且在测量波长处有吸收,但试液在测量条件下没有吸收。在这种情况下,可用不含试液而显色剂和其他试剂都相同的溶液作为参比溶液,称为"试剂空白"。

（4）如果试液和显色剂都有颜色，或者说试液和显色剂在测量波长下均有吸收，这时单独使用试剂空白或试样空白都不能完全消除干扰。此时，可采用既有试液也有显色剂，只是设法使它们不显色的溶液作为参比溶液。例如，用二甲酚橙光度法测定铌时，就是采用试液在加入二甲酚橙之前，先加入 EDTA，其余步骤与配制被测溶液的方法一样的溶液作为参比溶液。因为此时铌与 EDTA 生成更稳定的无色络合物，而不再与二甲酚橙作用形成有色络合物。或者寻找一种试剂，让它选择性地与有色络合物中的被测离子作用，使络合物破坏而褪色，然后以它作为参比溶液，称为"褪色空白"。这样配制的参比溶液能够同时消除试液和试剂的颜色干扰。例如，用变色酸光度法测定钢中的钛，往往在显色后，倒出一部分显色的有色溶液作为被测溶液，在另一部分已显色的有色溶液中滴加氟化铵溶液，使钛—变色酸络合物的颜色褪去，以此作为参比溶液。

三、分光光度法测定条件的选择

（一）入射光波长的选择

根据被测溶液的吸收光谱曲线，选择具有最大吸收时的波长为宜，称为"最大吸收原则"。因为在最大吸收波长处，摩尔吸光系数值最大，灵敏度最高。

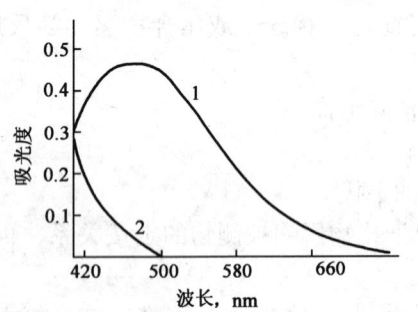

图 6-1 吸收最大干扰最小原则应用实例
1—丁二酮肟镍的吸收光谱；2—酒石酸铁的吸收光谱

有时在被测组分最大吸收波长处，干扰物质也存在吸收时，就不能选择最大吸收波长为入射光。此时应根据"吸收较大，干扰较小"的原则选择入射光波长。例如，用丁二酮肟光度法测定铜中的镍时，丁二酮肟镍的络合物最大吸收波长在 470nm 左右，如图 6-1 所示。试样中铁用酒石酸钾钠掩蔽后，在 470nm 处亦有吸收，影响了测定。但当波长大于 500nm 后，酒石酸铁的干扰就比较小了。因此一般可在波长 520nm 处进行测定。虽然丁二酮肟镍的吸光度有所降低，但干扰很小，否则要分离铁后才能进行测定，操作很麻烦。

（二）测定狭缝宽度的选择

狭缝过窄，光强太弱，信噪比减小，对测量不利；狭缝过宽，在分析组分复杂的样品时，有可能引入其他干扰谱线。即使不引入干扰谱线，非吸收光的引入，也要导致灵敏度下降和校正曲终弯曲．因此必须选择合适的宽度狭缝。选择合适狭缝宽度的方法是：测定吸光度随狭缝宽度变化情况。在一定范围内狭缝宽度变化，吸光度是不变的。当狭缝宽度大到一定程度之后，若有其他干扰谱带或非吸收光出现在光谱通带内时，吸光度将减小。因此狭缝宽度应选择在不减小吸光度时的最大狭缝宽度。

（三）吸光度读数范围的选择

任何分光光度计都有一定的测量误差。对给定的某一台分光光度计来说，其透光度的读数误差（以 ΔT 表示）是一常数。但透光度不同时，同样大小的 ΔT 所引起的浓度误差（以 Δc 表示）是不同的，浓度相对误差（以 $\Delta c/c$ 表示）也是不同的，如表 6-1 所示。

从表中可以看出，浓度相对误差反映了吸光度读数的相对误差，它的大小与吸光度的读数范围有关。为了减小这方面的误差，应选择在适当的吸光度范围进行测定。一般要求吸光度读数在 0.1~1.0 之间，最好是在 0.2~0.7 范围。可通过调节溶液的浓度或改变液槽厚度，控制吸光度在上述范围。

表 6-1　不同 T（或 A）时浓度相对误差（假设 $\Delta T = \pm 0.5\%$）

透光度 ($T\%$)	吸光度 (A)	浓度相对误差 ($\Delta c/c \times 100$)	透光度 ($T\%$)	吸光度 (A)	浓度相对误差 ($\Delta c/c \times 100$)
95	0.022	10.2	40	0.399	1.36
90	0.046	5.3	30	0.523	1.38
80	0.097	2.8	20	0.699	1.55
70	0.155	2.0	10	1.000	2.17
60	0.222	1.63	3	1.523	4.75
50	0.301	1.44	2	1.699	6.38

（1）调节溶液的浓度当被测组分的含量较高，测得的吸光度太大时，可取较少量的试液或减小试样的质量；当被测组分的含量较低时，测得的吸光度太小，则应增加试液或试样质量。

（2）改变液槽的厚度。由朗伯定律 $A = kb$ 可以看出，改变液槽的厚度，也会相应地改变溶液的吸光度。例如，采用 1cm 厚的液槽，测得溶液的吸光度为 0.05，读数相对误差约为 5%；若改用 3cm 厚的液槽，测得溶液吸光度变为 0.15，读数相对误差约为 2%，这样测量准确度就提高了。又如，用 3cm 厚度液槽测得溶液的吸光度为 1.3 左右，读数相对误差约为 3%，若改用 1cm 厚的液槽，测得的吸光度则为 0.428，读数相对误差约为 1.4%，显然也提高了测量的准确度。

（四）显色剂的选择

分光光度法常利用显色反应把欲测组分转变为有色化合物。然后进行测定，因此选择合适的显色剂十分重要。选择显色剂的原则是：

（1）显色反应的灵敏度高。摩尔吸光系数是显色反应灵敏度的重要标志。为了测定微量组分，常需选择摩尔吸光系数较大的显色反应。

（2）显色剂选择性好。所谓选择性好，就是要求所用显色剂只与被测组分发生显色反应，其他共存组分不干扰测定。因而需根据试样的情况，选用干扰较少或干扰容易消除的显色剂。

（3）显色剂对照性高在分光光度法中，要求试剂的颜色差别越大越好，这个差别称作反应的对照性，通常用被测物质（或与显色剂反应产物）的最大吸收波长与溶剂的最大吸收波长之差来度量，这个差值越大对照性就越大。

（4）反应产物的组成恒定。要求显色剂与被测物质生成的有机化合物具有固定组成，有固定的分子式。只有这样，被测物质与显色反应的产物之间才有定量的关系。

（5）显色的产物稳定要求显色剂以及与被测物质的产物要稳定，不被空气氧化、光照分解，不受被测物溶液中其他离子的影响。

（6）显色反应条件易控制。显色反应条件要求容易控制，便于吸光度测试。

（五）显色反应条件的选择

物质能否进行灵敏准确的吸光度测定，首先决定于物质本性及显色剂的结构和性质。如果显色剂确定之后，显色反应的条件则起着决定性的作用。这些条件主要有显色剂浓度、试剂加入量、溶液酸度、显色温度、显色反应时间、溶剂及共存干扰离子的掩蔽等等。

1. 显色剂的浓度及用量

从化学平衡的观点来看，显色反应是一个平衡过程：

$$M + R \rightleftharpoons MR$$

式中，M 为被测物质，R 为显色剂，MR 为显色反应产物。

根据化学反应平衡原理，各物质浓度之间存在下列平衡关系式：

$$平衡系数\ k = \frac{[MR]}{[M][R]}$$

从上式可以看出，等式右边的比值越大，显色反应进行得越完全，越有利于吸光度的测定。k 是平衡常数，只受温度变化的影响。因此只要控制好显色剂的浓度，就可以在一定温度下控制好显色反应进行的程度。

在实际分析中，不能只考虑能使显色反应完全进行，还要考虑到显色剂的过量使用可能引起的副作用。例如，过量显色剂可能会改变显色反应产物的络合比，使络合产物的颜色发生变化，还可能与样品中其他一些离子生成有色产物，增加测定的干扰。

显色剂的合适浓度和加入量，是通过实验确定的，其方法是往一系列同样浓度的被测溶液里加入不同量的显色剂。在相同的条件下，分别测定出各自的吸光度。然后作出吸光度—显色剂浓度的曲线。在吸光度随显色剂浓度不变或变化不大的线段内，确定适当的显色浓度或加入量。

2. 溶液的酸度

溶液的 pH 值是显色反应基本的实验条件。pH 值的大小直接影响大多数被测物质与显色剂存在的形式和生成物的组成及其稳定性。

1）pH 值对金属离子存在状态的影响

大多数高价金属离子都容易水解，在溶液酸度较低的情况下，在水中除了以简单的金属离子形态存在外，还生成一系列的羟基络合离子或多核羟基络合离子。高价金属离子随着水解反应的深入，同时还发生各种聚合反应，随时间的增长，最终导致氢氧化物沉淀生成，影响分析的准确性。

2）pH 值对显色剂浓度的影响

选用的显色剂如果是强酸型的，则溶液的 pH 值大小几乎无影响。但在多数情况下，显色剂都是弱酸型的有机络合剂，溶液的 pH 值对其影响较大。因为在显色反应过程中，一般都是先离解，然后才是显色剂与金属离子络合，反应如下：

$$HR \rightleftharpoons H^+ + R^-$$

$$M^+ + R^- \rightleftharpoons MR$$

溶液的酸度决定了显色剂的离解平衡，控制了显色剂 R^- 的浓度。当溶液 pH 值过小时，将使上述络合平衡向左移动，R^- 浓度减小，影响了有色络合物的形成。

3）pH 值对显色剂颜色的影响

不少有机显色剂具有酸碱指示剂的性质，在不同的酸度，具有不同的颜色，有的颜色可能干扰测定。例如，二甲酚橙在 pH>6.3 时呈红色，在 pH<6.3 时呈黄色，而它与金属离子形成的络合物一般都是紫红色，因此用二甲酚橙作显色剂必须在 pH<6 的情况下进行，否则进行测定时会引起较大的误差，甚至无法测定。

4）pH 值对络合物组成的影响

在显色反应中，有时会遇到同一种金属离子与同一显色剂在不同的 pH 值下生成不同组成的产物。特别是某些逐级生成显色反应的产物。pH 值不同，显色剂与被测物质的配位不同，颜色也不同。例如，Fe^{3+} 与磺基水杨酸反应，当 pH 值为 2~3 时，显色反应生成络合物，配比为 1∶1 的紫红色络合物；pH 值为 4~7 时，生成配比为 1∶2 的橙色络合物；pH 值为 8~10 时，生成配比为 1∶3 的黄色络合物。

5）pH 值对显色反应产物稳定性的影响

当溶液酸度增大时，有时显色反应不稳定性增加。在一般情况下，显色剂的过量和显色反应产物稳定性的增加，允许溶液的酸度增大。

综上所述，pH 值对显色反应的影响很大，影响到显色反应的各个方面。显色反应合适 pH 值的确定，一般是在理论计算的基础上、再通过实验来确定的。

3. 显色温度

不同显色剂的显色反应对温度有不同要求，显色反应与其显色温度密切相关。通常显色反应可在室温条件下完成，但有些显色反应需要加热。例如，用硅铝蓝法测定硅时生成硅钼黄的反应，在室温下需 10min 以上才能完成，而在沸水浴中只需 30s。也有些显色反应在较高温度下容易分解。因此要根据具体情况选择适当的温度进行显色。

4. 显色时间

显色反应速度有快有慢，快的可以在瞬间完成，颜色很快达到稳定状态，并且能保持很长时间不变色。但是大多数的有机显色剂的显色反应速度较慢，需要一定的时间才能显色完全。另外有一些显色反应的产物因受空气氧化分解、挥发或光照等的影响，使溶液退色，因此根据实际情况确定合适的显色时间和测定时间。

显色和测定时间一般都是通过实验来确定，具体方法是测定配制好的比色溶液随时间变化的吸光度，绘制 $A—t$ 曲线，由曲线的平缓线段确定显色时间和测定时间。

5. 显色溶剂

有些显色反应产物在水中离解度较大，而在有机溶剂中离解度较小。对于这样一类的显色反应，加入与水互溶的有机溶剂，会降低有色化合物的离解度，从而提高测定的灵敏度。

还有一些疏水性的显色反应产物，不易溶于水，但易溶于非极性的有机溶剂中，对于这一类的显色反应产物，可以选用适当的有机溶剂，将显色反应产物萃取出来，再测定萃取液的吸光度。通过萃取既分离了杂质、提高了方法的选择性，又增加了方法的灵敏度。

6. 溶液中共存物的干扰及其消除

共存物干扰显色一般有以下几种情况：（1）共存物本身有颜色；（2）共存物与显色剂生成有色化合物或沉淀；（3）共存物与被测离子或显色剂作用生成稳定的无色络合物或发生氧化还原反应，使被测离子或显色剂浓度降低而影响测定。

在实际工作中，一般采用以下几种方法来消除共存物的干扰：（1）选择适当的显色条件，以避免干扰（参看本节显色反应条件的选择）；（2）加入掩蔽剂，消除共存离子干扰（掩蔽剂是能与干扰离子或化合物起化学反应，生成无色产物的试剂）；（3）利用氧化还原反应改变干扰物的化合价态来消除干扰；（4）选择不同波长测定吸光度消除干扰物的干扰；（5）利用参比液也可以消除显色剂和某些干扰物的干扰；（6）利用校正系数消除干扰，具体方法是先测出干扰物影响被测物的定量关系，再从测定结果中扣除干扰物的量；（7）采用适当的分离方法分离出干扰物，如采用电解、沉淀、萃取、离子交换等方法将被测物与干扰物分离，再测定吸光度。

六、溶剂的选择

溶剂对物质吸收光谱的影响较为复杂，改变溶剂的极性，会引起吸收带形状的变化。溶剂的极性由非极性改变到极性，精细结构消失，吸收带变平滑，有时还会改变吸收带的最大吸收波长 λ_{max}。在选择测定吸收光谱曲线的溶剂时，应注意如下几点：（1）尽量选用低极性溶剂；（2）能很好地溶解被测物，并形成良好化学和光化学稳定性的溶剂；（3）溶剂在样品的吸收光谱区无明显吸收。

第二节 定量分析方法

一、一般定量方法

（一）工作曲线法

对于单一组分的测定，工作曲线法是实际工作中用得最多的一种定量方法。

工作曲线的制作方法：配制4个以上浓度或适当比例的待测成分标准滴定溶液，以空白溶液为参比溶液，在选定的波长下，分别测定吸光度。以标准滴定溶液浓度为横坐标，吸光度为纵坐标，绘制工作曲线。

在测样品时按同样方法制备待测样品溶液，测定其吸光度，在工作曲线上即可查出待测物的浓度。待测物浓度应在工作曲线范围内。

在一定条件下，工作曲线是一条直线，直线的低斜率和截距可以用最小二乘法求得。工作曲线可以用一元线性方程表示：$y = a + bx$。

工作曲线应定期校准。当条件有变动时，例如仪器经过修理、更换光源、更换标准滴定溶液、试剂（如显色剂）重配，都应重新做工作曲线。

（二）标准对照法（直接比较法）

当工作曲线是通过原点的一条直线时，在工作曲线的线性范围内，用原点及一个标准滴定溶液就可以制作一条工作曲线，即 $y = bx$。在相同条件下，在同一波长处测定，吸光度与浓度成正比，根据式 $c_{样}/c_{标} = A_{样}/A_{标}$ 可计算出待测样品的浓度。

需要注意的是，标准样品和待测样品浓度应接近，且标准样品的吸光度在 0.4~0.8 较好。

（三）吸收系数法

吸收系数法利用标准样品吸收系数值进行定量的。其方法是：先测定标准的吸收系数，然后与样品的测定值比较，计算出样品的质量分数。

（四）解联立方程法

用分光光度法可同时测定溶液中两种或两种以上待测组分，若溶液中存在两种组分 x 和 y，它们的吸收光谱不重叠或能找到在波长 λ_1 时 x 有吸收而 y 不吸收，在波长 λ_2 时 y 有吸收而 x 不吸收。此时可以在波长 λ_1 时测定 x 的含量，在波长 λ_2 时测定 y 的含量，相互不干扰。

当组分 x 与组分 y 的吸收光谱重叠时，可采用解联立方程法计算各组分浓度。选定两个组分吸光度差值较大的波长 λ_1 和 λ_2，测定吸光度。若各组分的吸光性能符合比耳定律，则其总吸光度为各组分吸光度之和（吸光度加和性），在波长 λ_1 和 λ_2 处测定吸光度 A_1 和 A_2，可得到如下联立方程：

$$\begin{cases} A_1 = \varepsilon_{x1}c_x + \varepsilon_{y1}c_y \\ A_2 = \varepsilon_{x2}c_x + \varepsilon_{y2}c_y \end{cases}$$

摩尔吸光系数可以分别配制 x、y 标准滴定溶液在 λ_1 和 λ_2 处测定吸光度后求得。将摩尔吸光系数代入联立方程，解联立方程，求出两种组分的浓度。

解联立方程组法也可用于溶液中两和以上组分的同时测定，但是测量组分增多，分析结果误差也越大。

二、示差分光光度法

分光光度法广泛应用于微量分析，但只适用于测定低含量的组分，对于高含量（或极低含量）组分，因测定误差太大而不适用。示差分光光度法就是采用适当的测量方法，对于高含量（或极低含量）组分也能获得较高准确度的分析技术。

示差分光光度法与一般分光光度法相比较，是使用溶液调节透光度标尺读数"0"和"100"方法的不同。有浓溶液示差法、稀溶液示差法和两个参比溶液示差法 3 种技术。其中应用最多的是浓溶液示差法。浓溶液示差法就是采用一个比试样浓度稍低一些的已知浓度的标准滴定溶液，在同样条件下，显色后作为参比溶液，根据测得的吸光度计算出试样的含量。

示差分光光度法的基本原理：设 c_s 作为参比溶液的标准滴定溶液的浓度，c_x 为被测试液的浓度，而且设 $c_x > c_s$ 根据朗伯—比耳定律：

$$A_x = \varepsilon c_x b, \quad A_s = \varepsilon c_s b$$

两式相减，得到：

$$\Delta A = A_x - A_s = \varepsilon(c_x - c_s)b = \varepsilon b \Delta c$$

用已知浓度的标准滴定溶液作参比调节透光度读数为 100%（即 $A_s = 0$），然后将被测试液推入光路中，在标尺上所读取的吸光度值即为试样溶液与参比溶液的浓度差 Δc 成正比。

此外，在绘制工作曲线时，是以其中浓度最小的一个标准滴定溶液调零，分别依次测量标准滴定溶液的吸光度值，从而可用 ΔA 与对应的 Δc 作图，即得示差分光光度法的工作曲线。当然，测定试样时所用的参比溶液，必须是同一个浓度的标准滴定溶液。

用示差法测量溶液的吸光度，其准确度比一般光度法高，在普通光度法中，测量时比色皿放试剂空白作为参比溶液时，测量透射光的强度 I_0，以此强度调节仪器至透光度 $T = 100\%$，然后在比色皿中改盛浓度为 c_s 和 c_x 的溶液，透光强度为 I_s 和 I_x，假设分别为 10% 和 5%，两者比值为 2，读数仅差 5%。而在示差法中，改用浓度为 c_s 的溶液作参比，调节仪器透光率标尺读数为 100%，那么浓度为 c_x 的溶液透光度变 50%，c_s 与 c_x 透光度读数相差变为 50%。可见在两种测量方法中，两溶液的透光度比并未改变，但示差法相当把刻度读数放大了 10 倍，从而使测量结果读数更为准确。

一般来说，参比溶液的吸光度越大越有利，但参比溶液越浓，透过溶液以后的光就越弱，相应的光电流也就越小。只有当光电池（或光电管）及光电流测定装置有足够的灵敏度时，才可能在这种情况下调到满刻度，所以示差法对仪器的灵敏度和稳定性要求较高。

第三节　分光光度计的几种重要性能指标的检验

一、仪器的稳定性

仪器的稳定性包括零点稳定度、光电流稳定度、电压变动稳定度。

（1）仪器在光电检测器不受光的条件下，用零点调节器调至透射比零点，观察3min，读取透射比示值的最大漂移量，即为零点稳定度。

（2）仪器波长分别置于仪器光谱范围两端往中间靠10nm处，调整零点，打开光门，使光电检测器受光，照射5min。用光亮调节器调节系统的有关调节将仪器透射比调至95%处。观察3min，读取透射比示值的最大漂移量，即为光电流稳定度。

（3）仪器波长置于650nm处，将调压变压器接入外电源与仪器之间，用调压变压器输入220V电压，调节仪器透射比示值至95%（数显仪器100%）处，然后将电压降至198V，记录仪器透射比示值变化量。再用调压变压器把电压调至220V，将仪器透射比示值至95%（数显仪器100%）处，然后将电压升至242V，记录仪器透射比示值变化量，即为电压变动稳定度。

二、波长准确度与波长重复性

对棱镜型仪器，按照仪器的光谱范围选择相隔合理的干涉滤光片（不少于3片）。将各滤光片分别置于样品室内的适当位置，并使入射光通过滤光片的有效孔径内从同一波长方向逐点测出滤光片的波长—透射比示值，求出相应的峰值波长。波长重复性是不同波长的滤光片重复测量3次。

三、透射比准确度与透射比重复性

用透射比标称值为10%、20%、30%（或40%）左右的光谱中性光片分别在440nm、546nm、635nm波长处，以空气为参比，分别测量各滤光片的透射比，连续测量3次（允许每次测量前对零点与100%进行校正）。

透射比的重复用标称值30%的滤光片在546nm波长处的测量值。

四、杂散辐射率

在波长420nm处，以空气为参比，用半高波长为470nm的截止型滤光片测其透射比值。

第四节　分光光度计的保养和维护

分光光度计是精密光学仪器。因此，使用者要注意日常保养和维护。除经常做好清洁卫生工作外，还要注意以下几点。

一、经常开机

仪器不经常使用，最好每星期开机1~2h，可避免潮湿，避免光学元件和电子元件受潮，同时可保持各机械部件不会生锈，以保证仪器能正常运转。

二、经常校验仪器的技术指标

每一个季度检查一次。一旦发现哪项技术指标有问题，自己不要轻易盲动，应该马上通知制造厂的维修工程师来维修。当仪器出现问题，一定要及时维修。此外，紫外可见分光光度计应安装在太阳不能直接晒到的地方，以免"室光"太强，影响仪器的使用寿命。

三、保持机械运动部件活动自如

分光光度计有许多转动部件，如光栅的扫描机构、狭缝的传动机构、光源转换机构等。使用者对这些活动部件，应经常加一些钟表油，以保证其活动自如。有些使用者不易触及的部件，可以请制造厂的维修工程师或有经验的工作人员帮助完成。

分光光度计是由光、机、电等部分组成的。光学部分有受潮发霉、性能变坏的可能，机械部分有磨损的问题，电子元件有老化问题，等等。

第五节　分光光度计常见故障及排除方法

一、光源部分

（一）钨灯不亮

（1）原因分析：
①钨灯灯丝烧断（此种原因几率最高）。
②没有点灯电压，熔断丝被熔断。
（2）解决措施：
①钨灯两端有工作电压，但灯不亮；取下钨灯用万用表电阻挡检测，更换新钨灯。
②更换熔断丝，如更换后再次烧断则要检查供电电路。

（二）氘灯不亮

（1）原因分析：
①氘灯寿命到期（此种原因几率最高），灯丝电压、阳极电压均有，灯丝也可能未断（可看到灯丝发红）。
②氘灯起辉电路故障，氘灯在起辉的过程中，一般是灯丝先要预热数秒钟，然后灯的阳极与阴极间才可起辉放电。如果灯在起辉的开始瞬间灯内闪动一下或连续闪动，并且更换新的氘灯后依然如此，有可能是起辉电路有故障，灯电流调整用的大功率晶体管损坏的几率最大。
（2）解决措施：
①更换氘灯。
②需要专业人员维修。

二、信号部分

（一）没有检测信号输出

（1）原因分析：没有任何光束照射到样品室内。

（2）解决措施：将波长设定为580nm，狭缝尽量开到最宽挡位，在黑暗的环境下用一张白纸放在样品室光窗出口处，观察白纸上有无绿光斑影像，检查光源镜是否转到位，双光束仪器的切光电动机是否转动。

（二）全波长范围内基线噪声大（样品室内无任何物品）

（1）原因分析：光源镜位置不正确、石英窗表面被样品污染。

（2）解决措施：观察光源是否照射到入射狭缝的中央，石英窗上有无污染物。重新调整光源镜的位置，用乙醇清洗石英窗。

（三）紫外区的基线噪声大（样品室内无任何物品）

（1）原因分析：氘灯老化、光学系统的反光镜表面劣化、滤光片出现结晶物。

（2）解决措施：可见区的基线较为平坦，断电后打开仪器的单色器及上盖，肉眼可以观察到光栅、反光镜表面有一层白色雾状物覆盖在上面。如果光学系统正常，最大的可能是氘灯老化，可以通过能量检查或更换新灯方法加以判断。更换氘灯、用火棉胶粘取镜面上的污物或用研磨膏研磨滤光片。

（四）空白基线噪声大（紫外区更大）

（1）原因分析：比色皿表面或内壁被污染，使用了玻璃比色皿或空白样品对紫外光谱的吸收太强烈，使放大器超出了校正范围。

（2）解决措施：将波长设定为250nm，先在不放任何物品的状态下调零，然后将空比色皿插入样品池一侧，此时吸光值应小于0.07Abs。如果大于此值，有可能是比色皿不干净或使用了玻璃比色皿。同样方法也可判断空白溶液的吸光值大小。清洗比色皿，更换空白溶液。

（五）吸光值结果出现负值

（1）原因分析：没做空白记忆，样品的吸光值小于空白参比液的吸光值。

（2）解决措施：将参比液与样品液调换位置测量，做空白记忆、调换参比液或用参比液配制样品溶液。

（六）样品信号重现性不良

（1）原因分析：排除仪器本身的原因外，最大的可能是样品溶液不均匀所致。在简易的单光束仪器中，样品池架一般为推拉式的，有时重复推拉不在同一个位置上。

（2）解决措施：更换一种稳定的试样判定，采取正确的试样配制手段，维修推拉式样品架的定位碰珠。

（七）基线或信号有大的负脉冲（基线扫描或样品扫描时）

（1）原因分析：扫描速度设置得过快，信号在读取时，误将滤光片或光源镜的切换当作信号读取了。

（2）解决措施：改变扫描速度。

（八）基线或信号有长时间段的负值或满屏大噪声（基线扫描或样品扫描时）

（1）原因分析：滤光片伺服电动机"失步"，造成档位错位。

（2）解决措施：重新开机有可能回复，或打开单色器对照波长与滤光片的相对位置来检查（注意：打开单色器时要保护检测器不被强光刺激）；更换伺服电动机。

（九）样品出峰位置不对

（1）原因分析：波长传动机构产生位移。

（2）解决措施：通过氘灯的 656.1nm 的特征谱线来判断波长是否准确，使用仪器固有的自动校正功能。

（十）信号的分辨率不够（应叠加在某一大峰上的小峰无法观察到）

（1）原因分析：狭缝设置过窄而扫描速度过快，造成检测器响应速度跟不上，从而失去应测到的信号；一定的狭缝宽度要对应一定范围的扫描速度；或者狭缝设置得过宽，使仪器的分辨率下降，将小峰融合在大峰里。

（2）解决措施：降低扫描速度或将狭缝设窄，将扫描速度、狭缝宽窄、时间常数三者拟合成一个最优化的条件。

（十一）吸光值信号上下摆动（仪器波长固定在某个波长时）

（1）原因分析：开关触点因长期氧化造成接触不良。

（2）解决措施：用力按键时，吸光值随之变化，用金属活化剂清洗按键触点即可。

（十二）仪器零点飘忽不定（主要反映在简易仪器上）

（1）原因分析：在简易仪器中，零点往往是通过电位器来调整的，这种电位器一般是碳膜电阻制作的，使用久了往往造成接触不良。

（2）解决措施：更换电位器。

第七章　气相色谱仪

色谱法分析的样品组分与固定相、流动相间的作用力多种多样，因而分离能力强、应用广泛。

用气体作为流动相的色谱分析方法，称为气相色谱法，简称 GC。在气相色谱法中，用作流动相的气体称为载气。进行气相色谱分析的仪器称为气相色谱仪。现在的气相色谱仪型号很多，功能各异，使用范围也不尽相同，但基本都是由进样、分离、温控、检测、信号处理等系统组成的。

气相色谱仪的基本原理、结构、定性定量方法以及维护保养在《天然气净化分析工技能鉴定培训教材》已有详细介绍，本节着重介绍色谱柱的选择与制备、色谱操作条件的选择、标准校正气体的选择与使用、气相色谱法分析误差来源及消除方法、色谱仪的选择和维护维修及故障判断排除等。

第一节　色谱柱的选择

天然气净化厂对原料气、过程气、尾气、产品气等组分的分析，均采用气相色谱法。分离气体组分的色谱柱主要有气液色谱填充柱、气液色谱壁涂开管柱、气固色谱填充柱、气固色谱多孔层开管柱、气固色谱微填充柱以及它们之间组成的复合柱。因此气体分析时色谱柱的选择非常关键，它影响组分分离的结果。色谱柱的选择遵循以下原则。

一、色谱选择的一般原则

（1）色谱柱的选择，必须考虑被分离组分性质及其含量、仪器设备状况、有无低温装置、能否进行低温程序升温、是否可以进行阀切换等因素。

（2）当气—固色谱和气—液色谱均可以解决所要求的分析任务时，应首先考虑气—固色谱，这是因为气体组分的吸附系数大、保留时间长、易于分离；其次色谱柱的吸附剂不易流失，容易与色谱进行连接；第三是吸附剂种类相对于固定液来说要小得多，所以进行选择。

（3）在气—固色谱中，应首先考虑 PLOT 柱子。因为跟填充柱相比，柱容量相当但该种柱的柱效高、分离效率好、易于分离复杂的气体混合物。

二、常用气体分析柱

（一）硫化物气体分析柱

对于 COS、H_2S、CS_2、SO_2 的分离，早期用的是硅胶填充柱，现在则有 Porapak QS 柱或 Chomosorb 107 柱、Chomosorb 310 柱、Chomosorb 330 柱。其中后两者适于 H_2S 含量高的情况，而前者均适用于 COS 含量高或含水的情况。

（二）低级烃类气体分析柱

（1）在分析 $C_1 \sim C_4$ 气态烃时，难点是既要将乙烷、乙烯分离，同时又要分离正丁烷和异丁烯。若用填充柱，可选用 HDG-202 或者 GDX-501 柱子，但现在用得多的是 PLOT Al_2O_3 柱，但样品中不能含有 CO_2 和 H_2O。

（2）当分析的烃类气体还含有 O_2、N_2、CO、CO_2 等组分时，PLOT 碳分子筛柱则是首选（或者用碳分析筛填充柱）。

（3）若有低温设备功能，则可用 Porapak R 柱。若没有低温设备但有柱切换功能时，可采用 13X 分子筛柱、Porapak R 柱及 PLOT Al_2O_3 柱组成的三柱切换系统。该系统可称为"广谱型"，用来测定天然气、炼厂气、裂解气等混合气体组成。

（三）永久性气体和惰性气体分析柱

（1）用 5A 分析筛柱为最佳，特别用 PLOT 柱更好。在柱温高于室温时可以将惰性气体（He、Ne、Ar、Kr、Xe）和永久性气体（H_2O、O_2、N_2、CH_4、CO）分离开。气体组分中，Ne-H_2、Ar-O_2、Kr-N_2、Xe-CO 是难分离物质对，需要用稍长的 5A 分子筛柱，或者仍用短柱但在低温下进行分离才能奏效。此时样品中必须没有 H_2O、CO_2、SO_2 及 H_2S 等组分。也就是说，当含有 H_2O、CO_2 等组分的气体样品时，应避免使用 5A 分子筛柱，因为 CO_2 在很高的柱温下才能流出，而 H_2O 还会使分子筛改性。

（2）若要分离 O_2 与 N_2，又要分离 H_2O、CO_2，需要碳分子筛柱或多孔聚合物柱。用后者时要用低温程序升温操作（O_2 与 N_2 分离不如用 5A 分子筛柱好）；或者用柱切换技术，将多孔聚合物柱和分子筛柱串联使用。

对于不要求分析样品中所含少量 H_2O、CO_2 等组分，而要分别定量测定 H_2、O_2、CH_4、CO 时，如要快速分析，则用 13X 分子筛柱；如要 CH_4、CO 之间有较大分辨率（如进行痕量分析），则用 5A 分子筛柱。

（3）如果有低温设备功能，则 H_2、O_2、Ar、CO 也能用 Porapak Q 柱分离。在低温和长柱时，5A 分子筛柱也能分析这些气体，不过出峰顺序有所不同，于是分为以下几种情况：

①当分离 O_2 中痕量 Ar 时，用 5A 分子筛柱，此时 Ar 在 O_2 之前流出。

②当分离 Ar 中痕量 O_2 时，用 Porapak Q 柱，此时 O_2 在 Ar 之前流出。

③当 Ar 和 O_2 含量差不多时，两种柱子均可。

需要指出的是，用分子筛时，被分离组分按 Ar、O_2、N_2 顺序流出，而用多孔聚合物柱时，流出的顺序却是 N_2、O_2、Ar。用分子筛柱时，CH_4 在 CO 之前流出；而用活性炭柱时，流出次序正相反。所以可以利用这些特点来分析测定痕量组分。

（4）如果设备可用低温，要分离 O_2/N_2、O_2/Ar 的同时，还要分离 N_2O、NO、CO、CO_2、COS、H_2S、SO_2 等组分，则用 Porapak Q 柱。

（5）惰性气体（He、Ne、Ar、Kr、Xe 等）的分离，最难分的是 He、Ne，常温下用分子筛柱即可，其中：

①He、Ne、H_2、O_2、N_2 的分离，用 5A 分子筛柱好；

②He、Ne、H_2、O_2、N_2、CO、CH_4 的分离，用 13X 分子筛柱好。

分析上述气体时多用 TCD 检测器，由于 He 和 H_2 的热导率很接近，故分析 H_2 时，不可用 He 作载气，否则会出现异常的色谱峰形，反之亦然。而分析 CO_2 时勿用 Ar 作载气，否则检测器灵敏度很低。另外，欲分析 O_2 而不分析 Ar，或者分析 Kr 而不分析 N_2 时，可分别用 Ar 和 N_2 作载气，以得到准确的结果。

（四）氮化物气体分析柱

对于 NO、NO_2 等氮化物气体的分析，可用 5A 分子筛柱或 Porapak Q 柱。如要避免 NO

遇到氧气（空气）和 NO_2 能与 Porapak Q 反应等事项，用特殊干燥的 0.6m 长 5A 分子筛柱从 35℃程序升温到 250℃，可分析 N_2、N_2O、NO 等。要测定碱性氮化物，如氨、甲氨时可用 Chomosorb 103 柱。

（五）卤化物气体分析柱

对于 C_1 和 C_2 有机气态卤化物的分离，如果用填充柱，则采用 Porapak Q 柱或 Chomosorb 103 柱；如果用毛细管柱，则采用厚液膜 Carbowax 20M 交联柱或 Gas Pro PLOT 柱。

对于无机卤素化合物气体，如 F_3Cl、SF_3 等含氟的腐蚀性气体的分析，由于其腐蚀性强，只能用含氟化合物为基质的载体和含氟化合物氟油为基质固定相（氟油）的柱子来进行，所用柱管要用聚四氟乙烯。

（六）毒性气体分析柱

硅烷、硼烷、磷烷和砷化氢等都有很大的毒性，但在色谱上的分离并不难，多孔聚合物柱或非极性柱均可。硅烷中的氯硅烷也能由非极性的角鲨烷柱进行测定。

但是，需要指出的是，在实际分析中，样品中的成分常常是上述两种或多种气体的混合物，例如燃料气、裂解气、烟道气的成分就含有上述常见气体、低级烃类气体、硫化合物气体、氮化合物气体的一些组分。有的样品虽然主要是一种类型的气体，但由于原料或工艺不同，其组成含量的差别很大。

第二节 填充色谱柱的制备

色谱柱是色谱分离的核心。色谱柱由柱管和固定相组成，常用的柱管用金属或玻璃管弯制而成。一般可分为填充柱和毛细管柱两大类。两类柱型各有特点：（1）填充柱制备方法简单，负载容量大，定量分析准确；（2）毛细管柱柱分离效能高，分离速度快，但负载容量小，很难自己制备，购买价格昂贵。实际工作中，二者互为补充。

一、色谱柱的预处理

先截取所需长度的不锈钢管（内径 2~6mm，常用 3~4mm，柱长 0.5~10m，分离组成复杂的样品，常需使用长的柱管，使用短的柱管分析速度较快），装满细沙，弯制成所需形状（U 形或螺旋形）。然后将沙倒出，用 10% 的热碱液洗去管内油污，用自来水洗净。再用 10% 的盐酸溶液洗去管内氧化物，至无残渣，再用自来水、蒸馏水冲洗数次，最后用无水乙醇冲洗数次，吹干或烘干后待用。

实践证明色谱柱形以 U 形为好，因载气流动会受柱弯曲的影响而产生紊乱、不规则的流动，会降低柱效率，因此要求柱弯曲的地方其曲率半径应尽量大些。使用螺旋行柱时，柱本身的直径要尽可能均匀。填充柱内径过小易造成填充困难和柱压降增大，给操作带来麻烦，故一般选择内径为 3~4mm。柱子长，一般柱效率高，当柱长度增加时，分析时间就会延长，并要增大载气的柱前压，因此在保证选择性和柱效率的前提下，使柱长减至最短。色谱柱长常用 1~2m。

二、固体吸附剂或载体的预处理

将选用的固体吸附剂或载体，经分样筛筛分，取较窄的目数范围（如 40~60 目、60~

80目、80~100目），用水漂洗除去粉末，烘干。对固体吸附剂就可准备装柱，对载体可准备涂渍固定液。

对固体吸附剂在使用一定时间后，吸附性能减弱，分离效率降低，要及时进行更换。对硅胶、分子筛，可用载气将吸附的物质除去，使之再生。再生温度对硅胶约为150℃，对分子筛为200~300℃。

三、色谱固定液涂渍

根据样品性质选定了固定液和载体后，确定固定液浓度，然后把固定液涂渍在担体表面。

固定液浓度通常在3%~20%之间，在分离挥发性小的样品及快速分析时，液相涂渍量可以稍低。

涂渍时一般先把固定液溶解在有机溶剂里，如乙醚、二氯甲烷、丙酮、甲醇、氯仿、苯等。溶剂用量以刚能浸过担体为限。为了加速固定液的完全溶解，可在低于该溶剂沸点20℃以下的水浴加热，然后迅速倒入担体。轻轻摇荡使担体和固定液混合均匀，在适当温度下让溶剂均匀地挥发掉，固定液就均匀地分布在担体表面上。操作时应注意，溶剂挥发温度不可超过其沸点，否则挥发太快，固定液不易涂渍均匀。也不可用玻璃棒搅拌，以避免破坏担体粒度和液膜。最好将涂好的担体小心放在室内干燥通风处放置24h，让其自然挥发，即可装柱老化。

四、色谱柱的装填

装柱前，空柱必须干净。填柱时，先将柱一头用石英棉（或玻璃棉）堵住，接上安全瓶和真空泵。柱另一头接上漏斗，填料从漏斗中加入。开动真空泵，填料即通过漏斗不断地被抽进柱中，同时要不断地轻轻敲振柱子各部，使填料在柱内尽量填充均匀，敲振不要用力过猛，以防担体被敲碎。

当装填GDX固定相时，由于有静电效应，高分子多孔小球易粘球成小块不好填充，此时可用少量丙酮湿润纱布擦拭漏斗，使填充可顺利进行。

填满后将柱接漏斗一端填充好玻璃毛，用带丝扣螺帽安装在色谱仪上。为获得好的分离效果并提高柱效，应注意将色谱柱原接真空泵的一端与检测器相接，而另一端接至汽化室进行老化实验。

五、色谱柱的老化

所有新柱使用前需老化，以除去溶剂、水分及柱材料制备过程中残留的挥发性物质。老化常在安装柱的色谱炉内进行，但必须将连接检测器的一端拆开，以免污染检测器，一般在高于操作温度20~30℃通载气下加热至少24h。涂硅酮的柱子，开始可不通载气，高温下先加热老化几小时，然后再通载气老化。老化聚乙二醇柱时，必须注意载气中应不含氧，否则柱温升高后会氧化固定液而毁坏柱子。

毛细管柱需在高温下（>200℃）使用，应按下列顺序老化。以升温速率1~2℃/min升至固定液允许的最高使用温度，并在100℃、150℃、200℃、250℃、300℃时保持恒温25h左右。然后，在通氮气情况下，关闭加热电源，不要打开炉门，让其在炉内自然冷却到室温，这样不易使柱内液膜破裂。在高于室温时，柱内必须不断通载气。

第三节 色谱条件的选择

用气相色谱法分离分析混合样品,最重要的选择色谱条件。色谱条件选得是否合适是色谱分离分析成败的关键。

色谱条件可分为分离条件和操作条件。

在气相色谱分析中,分离过程是在色谱柱内完成的。某一个多组分混合物中的各组分在色谱柱中能否得到完全的分离,主要取决于色谱柱的柱效能和选择性。柱效能在很大程度上取决于分离操作条件的选择,而选择性则取决于固定相选择是否合适。因此,色谱分析中关键问题是选择适当的固定相和分离操作条件。

一、分离条件的选择

分离条件是指色谱分离的内在因素,包括色谱柱类型、固定相种类、固定液种类和用量、载体种类和粒径以及柱管等。

(一) 固定液的选择

根据样品的性质,按照"相似相溶"的原则,即选用与被分离组分性质相似的固定液,能得到比较满意的分离效果。根据这一原则,固定液的选择通常可大致分为以下5种类型:

(1) 对非极性组分采用非极性固定液。此时,样品中各组分按沸点顺序先后流出色谱柱,沸点低的先流出,沸点高的后流出。

(2) 对极性组分采用极性固定液。样品中各组分主要按极性大小顺序流出色谱柱,极性小的先流出,极性大的后流出。

(3) 分离非极性和极性(或易被极化)混合物,一般选用极性固定液。此时,非极性组分先流出色谱柱,极性(或易被极化)组分后流出色谱柱。

(4) 对于能形成氢键的组分,如醇、酚、胺和水等的分离,一般选用极性的或氢键型的固定液。此时样品中各组分按与固定液分子间形成氢键的难易程度顺序流出。不易形成氢键的组分先流出,最易形成氢键的组分最后流出。

(5) 对于复杂、难分离的组分,可选用特殊的固定液或将两种极性不同的固定液混合,制成极性范围很宽的固定液来进行分离。

(二) 担体及其粒度的选择

固定液液膜必须薄而均匀,使液相传质阻力降低,因此要求担体表面具有多孔性(比表面大)和孔径分布均匀。担体粒度小,有利于提高柱效。但粒度太小时不易填充均匀,将产生较大的柱压,容易漏气,给仪器装配带来困难。因此担体在使用前应该过筛,使其颗粒度尽量均匀。一般填充柱要求担体颗粒直径的1/10左右,即60~80目或80~100目较好。

(三) 载气及流速的选择

载气流速影响分离效率并决定了分析时间。最佳流速与载气种类、组分性质、色谱柱子等条件有关。在最佳流速下虽然柱效率最高,但分析时间较长。实际工作中,为了加快分析速度,往往采用比最佳流速大的实用流速。对于内径3~4mm的填充柱,常用流速为20~80mL/min。

当载气流速较小时，应采用相对分子质量较大的氮气或氩气作载气，以便提高柱效率。

在快速分析中往往用氢气或氦气作载气，因为氢气、氦气的粘度较小，可减少柱子压力，操作控制较为方便。

载气种类的选择还应考虑对检测器的适应性。如热导检测器常用氢气、氦气和氮气，氢焰检测器和火焰光度检测器常用氮气和氢气，电子捕获检测器常用氮气等。

（四）色谱柱及其长度的选择

除了要按难分离物质对选择固定相和使柱子具有足够的理论板数之外，还要注意色谱柱装填的情况和色谱柱管所用的材料。

一般用途的色谱柱管用不锈钢制成。不锈钢对大多数样品有足够的惰性。对含有杂原子的有机化合物，需要用玻璃柱管，以减少金属表面的催化和吸附。在做痕量分析时，玻璃柱管应该首先做硅烷化处理，硅烷化处理过程按对担体处理的要求进行，以避免玻璃表面的硅醇基的影响。最好使用石英玻璃柱管，尽管聚四氟乙烯管对某些气体有渗透性，但在分析痕量含硫气体时仍然得到应用。

为了获得最好的分离效果，色谱柱长应以最难分离的物质对能达到所需的分离度为准（分离度与柱长平方根成正比）。过长的柱子一方面保留时间不必要地加长，峰形和峰高也会受到损失，并且对微量分析不利。

色谱柱的直径要与定性、定量分析所需的样品量相适应。尽可能采用小内径柱管。小内径柱管的色谱柱有较高的线速，有利于快速分析，适应高灵敏度检测器的分析。而且，在程序升温色谱分析时，柱温容易达到程序升温平衡。

二、操作条件的选择

操作条件可视为影响色谱分离的外在因素，操作条件包括柱温、载气及其流速、检测器及进样系统等几方面。

色谱柱确定后，操作条件选得是否合适，在很大程度上也会影响分离分析的成败。色谱操作条件，往往都相互关联、相互影响。在应用气相色谱法分析样品的各级各类标准中，对这些条件一般都有规定，但应用这些标准时，对这些操作条件的规定，应以所得色谱图是否理想为标准对其进行适当调整。

（一）柱温

柱温与分配比、分配系数、液相中扩散系数、气相中扩散系数等有关。提高柱温可以改善气相及液相传质阻力，提高柱效，但是提高柱温也会加剧分子扩散。因此在提高柱温的同时，也要适当提高载气流速。

提高柱温能使柱的选择性变坏，即分配系数变小，分配比及相对保留值变小，总分离效率指标下降。

通常采用较低的柱温和较低的固定液含量，较低的柱温使组分有较大的分配系数 K 值，选择性好。而较薄的液膜又可以使分配比保持一适当值。否则若分配比太大，使分析时间延长；分配比太小，限制了进样量，也降低柱的分离效率。

对于宽沸程样品，可采用程序升温的方法。这样能兼顾高、低沸点组分的分离效果和分析时间，使不同沸点的组分基本上都在其较合适的平均柱温下进行分离。

具体柱温选择应根据不同的实际情况而定。通常有下面几点：

(1) 对于高沸点的混合物（沸点300～400℃），要求柱温在不太高的温度下操作，可用小于3%的低固定液含量和高灵敏度检测器。使用柱温可低于沸点150～200℃，即在200～230℃。

(2) 对于沸点不太高的混合物（沸点200～300℃），在中等柱温下操作。固定液含量5%～10%，柱温比其平均沸点低100℃，即150～180℃。

(3) 对于沸点在100～200℃的混合物，柱温选在其平均沸点的2/3左右，固定液含量10%～15%。

(4) 对于气体、气态烃等低沸点物质，柱温选在其沸点或沸点以上，以便能在室温或50℃以下进行分析，固定液含量一般在15%～25%。

（二）进样条件的选择

进样速度必须很快，使样品能全部汽化并被带入柱中。若进样时间过长，样品原始谱带变宽，则馏出峰的半峰宽必也变宽，甚至变形。

原则上要求在选择的汽化室温度下，样品能瞬间汽化而不分解。由于色谱进样量为微升级，近于无限稀释的情况，故汽化温度可比样品最难汽化组分的沸点略低些。若进样量增多，汽化温度就要高些。一般选择比柱温高50～100℃。样品汽化不良，将使峰形前沿平坦，后沿陡峭成伸舌形，同时峰的半峰宽变大。最大允许的进样量，应控制在峰面积或峰高与进样量呈线性的范围内。

（三）汽化室温度的选择

原则上要求在选择的汽化室温度下，样品能瞬间汽化而不分解。这对于高沸点或易分解组分尤为重要。由于色谱进样量为微升，近于无限稀释的情况（相当于减压），故汽化室温度可比样品最难汽化组分的沸点稍低些；反之，进样量多，汽化室温度就要高些。一般选择汽化室温度比柱温高30～70℃。组分的汽化时间影响组分的峰宽，汽化时间越短，峰越窄，柱效越高。样品体积较小时，汽化的温度对柱效的影响小。样品汽化不良，将使峰形前沿平坦后沿陡峭成伸舌形，同时峰宽变大。

（四）检测器温度的选择

为了使色谱柱的流出物不在检测器中冷凝而污染检测器，检测器温度需高于柱温，一般可高于柱温30～50℃，或等于汽化室温度。若检测器温度太高，热导检测器的检测灵敏度降低。

第四节 气相色谱仪的使用及维护

气相色谱仪是比较复杂的分析仪器，使用时要分别控制气体流路的压力、流量参数和汽化室、色谱柱箱和检测器室的温度参数，要使用多种技术，要控制和调节多种检测器的最佳检测条件，以获得快速、灵敏和准确的分析结果。

一、气相色谱仪的使用规则

(1) 气相色谱仪应安装在通风良好的实验室中，对高档仪器应安装在恒温（20～25℃）空调实验室中，以保证仪器和数据处理系统的正常运行。

(2) 按仪器说明书要求安装好载气和助燃气的气源气路与气相色谱仪的连接，确保不漏气。配备与仪器功率适应的电路系统，将检测器输出信号与数据处理系统接好。

（3）开启仪器时，首先接通载气气路，打开稳压阀和稳流阀，调节至所需的流量。

（4）先打开主机总电源开关，再分别打开汽化室、柱恒温箱、检测器室的电源开关，并将温度设定在需要数值。

（5）待汽化室、柱恒温箱、检测器室达到设置温度后，打开热导检测器电源，调节好设定的桥流值，再调节基线至稳定，即可进行样品分析。

（6）每次进样前应调整好数据处理系统，使其处于备用状态。

（7）分析结束后，先关闭燃气、助燃气气源，再依此关闭检测器桥路电源，汽化室、柱恒温箱、检测器室的控温电源，仪器的总电源，待仪器加热部件冷至室温后，最后关闭载气气源。

二、气相色谱仪的维护

（一）气路系统的维护

（1）气源至气相色谱仪的连接管线可使用铜管、尼龙管或聚四氟乙烯管，应定期用无水乙醇清洗，并用干燥氮气吹扫干净。

（2）气体自气源进入气相色谱仪需要通过的干燥净化管，管中活性炭、硅胶、分子筛应定期进行更换或烘干，以保证气体的纯度满足检测器的要求。

（3）稳压阀、针形阀、稳流阀的调节应缓慢进行。稳压阀不工作时，应顺时针放松调节手柄使阀关闭；针形阀不工作时，应逆时针转动手柄至全开状态；调节稳流阀时，应使阀针从大流量调至小流量，不工作时使阀针逆时针转至全开状态。切记稳压阀、针形阀、稳流阀皆不能作开关阀使用。各种阀的气体进、出口不能安装反。

（4）使用皂沫流量计校正气体流量时，应使用澄清的洗涤剂，用后洗净。晾干放置。

（5）定期清理汽化室内的积炭结垢，对内衬管要清除污垢，洗净干燥后重新装入汽化室，并及时更换进样口硅橡胶隔垫，保证密封不漏气。

（6）更换色谱柱时，要认真检查色谱柱与汽化室接口和检测器室的接口，保证密封不漏气。

（二）电路系统的维护

（1）对高档仪器要充分利用由微处理机控制的仪器自检功能，开机后，待自检显示正常后再调节控制参数。

（2）对气路系统和电路系统安装在一起的整体仪器，应将由检测器输出的信号线与由计算机控制的数据处理系统连接好，以保证绘图、打印功能的正常使用。

（3）对气路系统和电路系统分离开的组合式仪器，应注意连接好汽化室、柱箱、检测器的温度控制电路，控制热导池的电桥电路，FID 的放大电路，检测器输出信号与数据处理系统的连接电路等，保证电路畅通。

（4）当电路发生故障时，应及时与仪器供应商联系进行维修。

（三）使用进样阀应注意的事项

在进行气体样品分析时，用进样阀定体积进样，操作方便、迅速，只要操作合理又掌握一定的技巧，重现率可大于 99.5%。下面是使用进样阀时应注意的几点事项：

（1）定量管体积。在灵敏度满足要求的情况下，定量管体积应尽可能小，而最大定量管体积应在实验条件下，理论塔板数下降不超过10%为限，否则进一步增加定量管体积会使峰宽加宽而不增加峰高。应使色谱峰宽基本上不展宽时的进样量为最大定量管体积，对于填充柱一般不应大于5mL。

（2）冲洗定量管的样品体积。由于被分析的气体样品浓度不同，为防止进较高浓度后又进较低浓度样品时，定量管原有高浓度气体影响下一个样品的真实浓度。因此要用新鲜样品气对定量管进行冲洗，即使是分析同一样品时也要这样操作。冲洗气量依据经验应不小于定量管体积的5倍。实际影响也可以通过对样品峰的重现性来判断。

（3）进样后多长时间把进样阀旋回到冲洗取样位置？这取决于当时的分析情况，如进样后基线的波动性、定性定量的重复性等。一般情况下是在进样数秒后（此时第一个峰还没出来），把阀旋回到冲洗取样位置比较好。这时易消除阀气密封欠佳和定量管体积过大对基线出峰的影响。

（4）阀体及连接管线的温度。为保证准确的进样量，无论是气体进样阀还是液体进样阀以及连接的管线，都必须恒定在一定的温度。气体进样阀要求控制在较高温度，以防止样品的冷凝或被吸附，特别是在分析那些活性的有机气体如含硫化合物、水等组分。如果不保持在特定的温度下，它们会滞留在阀体或管道内，干扰下次分析或形成"鬼峰"。阀体通常安装在柱箱外，用独立加热块控制阀体温度，也有时将阀体装在柱箱内。液体进样阀要求温度低，一般装在柱箱外，也可不控温。根据制造材料的不同，温度也有不同。如气体进样阀的PTFE阀体，吸附小，但使用温度一般不应超过200℃，温度过高会使阀体漏气。聚酰亚胺或石墨化聚酰亚胺阀体可耐300℃以上高温，但吸附性较强，低于150℃可能出现漏气现象。而连接管线的温度则应控制在样品中较重组分的沸点以上，以防止因冷凝而损失样品，造成大的分析误差。

（5）用阀进样时的载气流速。载气流速的选择应以分离度和分析速度为主要考虑因素，但是在用阀进样时，由于要把样品有效地转移到色谱中，对其流速也是有要求的。一般来说，阀进样要求载气流速大于20mL/min，所以，阀进样多用于填充色谱柱。但是，随着制造阀体技术的发展和改进，目前阀进样技术已广泛用于大孔径毛细管柱上。

（6）定量管内样品的气压。由于气体的含量与气压直接有关，为保证每次进样的重复性，取样冲洗定量管时，要把样品出口管插入一个水杯中让其跟外界大气压平衡，一般在取样后平衡20~30s即可。

第五节　标准校正气体

对于大多数气体分析仪器来说（气相色谱仪也不例外），所得到的量值均为相对量值，而想要获得其真实浓度，必须与标准量值比较后计算得到。另一方面，任何气体分析仪均需定期校验（短则1~2个月，长则半年至一年），检查其性能是否仍处于线性状态。校验必须用标准气体来完成。标准校正气体一般可以从国家认定的专门生产机构购买。

一、标准校正气体的定义和基本属性

标准校正气体是一种高度均匀、稳定性良好和量值准确的气体，是由国家指定的企业提供的已知浓度的气体样品。标准校正气体可以是单一的气体，也可以是由多组分气体混合而成的混合气体。通常把标准校正气体又称为标准气。跟一般气体相比，它具有下列基本

属性。

(一) 均匀性

标准校正气体属于气体标准物质，与其他固体、流体标准物质一样，其均匀性是一项十分重要的基本属性之一。各种气体具有较大的流动性和扩散能力，混合后其均匀性不应成为问题。由于配制时，几种组分气体先后冲入高压钢瓶或其他容器内，加上各组分的相对分子质量的差异，使容器内的气体组分分布得不均匀，有时还可能产生分层现象。另外气体组分与容器内壁之间存在着一个吸附于脱附平衡过程，这都对标准气体组分的均匀产生不利影响。因此，在制备过程中必须想办法让各个气体组分混合均匀。

(二) 稳定性和有效期

标准校正气体的稳定性也是一项十分重要的基本属性。所谓稳定性包含两方面的内容：即标准校正气体的各气体组分含量随时间和压力的变化而变化。稳定性好的标准气，其组成含量不随时间、压力的改变而改变。一般来说，一级气体标准物质，稳定性考察实验要一年以上，二级气体标准物质稳定性则需要半年以上考察。根据稳定性考察实验结果，才能确定出标准气的使用有效期。标准气的有效期长短，不能随意定，必须以稳定性考察实验结果为依据。

影响标准气稳定性的重要因素是包装容器的材质和容器内壁处理的程度。必须选择对内装的气体组分是化学惰性的材质，不能发生化学反应、吸附/脱附等反应，对内壁进行惰性化处理，可以减少或避免这种反应。过期的标准气是绝对不能使用的。

二、标准校正气体的分级

标准校正气体按特征定值的准确度水平可以分为三级。

(一) 基准气体

基准气体是采用公认的绝对测量法或经国家批准的基准装置定值，其值可直接溯源，并具有最高的准确度。如 GBW 08101 氮中甲烷（CH_4/N_2）、GBW 08106 氮中一氧化碳（CO/N_2）等都是我国的基准气体。

(二) 一级气体标准物质

一级气体标准物质是采用绝对测量法或两种以上不同原理的准确可靠的方法定值。它的不确定度具有最高水平，均匀性良好，稳定性在一年以上，并具有符合标准物质技术规范要求的包装形式。如 GBW 08120 空气中一氧化碳（CO/空气）、GBW 08122 氮中硫化氢（H_2S/N_2）等。

(三) 二级气体标准物质

二级气体标准物质是采用一级气体标准物质进行比较测量的方法，或用一级气体标准物质的定值方法进行定值的。其不确定度未达到一级气体标准物质的水平，稳定性在半年以上，能满足一般测量的需要。包装形式符合标准物质技术规范要求。如 GBW (E) 06034 甲烷中乙烯（C_2H_4/CH_4）、GBW (E) 080171 氢中氮（N_2/H_2）等。

三、标准校正气体的分类

标准校正气体大多由单组分气体配制而成，以适应不同的需要和用途，因而品种异常之多，其分类可按气体组分数划分，也可按标准校正气体的用途或属性划分。

(一) 按气体组分数分类

标准校正气体按气体组分数可分为四类，即单元标准校正气体（纯气或高纯气体），二元标准校正气体（两种组分配制而成），三元标准校正气体（由三种组分配制而成）和多元标准校正气体（由三种以上组分配制而成）。

(二) 按标准校正气体的用途或属性划分类

1. 普通气体标准校正气

此类标准气的稀释气（又叫平衡气）一般用氮气或空气，如 CO/N_2、CO_2/N_2、CH_4/N_2 等。

2. 易凝聚物质标准校正气

易凝聚物质系指在常温、常压下为液体的有机物。在一定条件下将它们的蒸气与不同稀释气体配制成一定浓度的标准混合气，供特定场合使用。此类标准气的稀释气一般用氮、氩、氢、甲烷和空气，如 C_2H_5OH/N_2、Ar、空气，$CHCl_3/N_2$、Ar、空气等。

3. 特殊标准校正气

特殊标准校正气是用于科研、生产和专业领域中又特殊要求的标准混合气体，它们的组分构成、浓度、精度不尽相同。如石油、石油化工流程分析仪器标准气，变压器油中气体测定用的标准气（H_2、CO、CO_2、CH_4、C_2H_4、C_2H_6、C_2H_2）/N_2 或 Ar，可燃报警器校准用的混合气（CH_4/空气、C_4H_{10}/空气）等。

四、标准校正气体在气体分析中的作用

(一) 在分析方法的检验和评价中的作用

（1）利用标准气对测定气体样品的分析方法选择最佳操作条件，例如色谱柱的选择、柱温及载气流速的选择等。

（2）利用标准气体进行色谱峰的定性分析和定量分析。如前所述，在相同的条件下，比较标准气组分和未知样品组分的保留值，就可以定性出某一色谱峰的名称；对未知样的定量分析，如常用的外标法，更离不开标准气体，否则定量测定不能进行。

（3）利用标准气对新方法进行评价。例如方法的灵敏度、准确度及精密度进行验证，以便对该方法进行质量评价，所有这些都离不开标准校正气体。

(二) 在气体标准化研究中的应用

在研究、修订各类气体国家标准和气体检验方法的实验研究中，必须使用标准校正气体，以便为制定技术指标提供可靠数据。同建立分析方法一样，也需要确定标准试验方法的条件、操作条件、灵敏度、准确度及精密度等技术条件。因此在国家标准或行业标准的制定、验证、实施与修改整个过程中，都离不了标准校正气体。

(三) 在"在线"工业色谱仪等分析仪表中的作用

在线工业色谱仪，对整个生产起着至关重要的作用，仪表刻度的校准与指示数据准确与否，都直接影响到气体的质量以及生产设备的安全运行，定期用标准校正气体校验工业色谱仪等分析仪表并作比较，既考核了分析仪器的运行状态，也确保为生产提供准确可靠的数据，特别是经过长期使用或维修以后，更需要一种或两种标准校正气体来校正。

(四) 在气体产品质量监督和质量控制中的应用

为保证气体产品质量，各级气体产品质检机构必须定期或不定期对各类气体产品进行日

常监督和检验。而为保证监督检验数据的公正性、权威性和可靠性，在气体产品质量控制和监督检验中，必须使用标准校正气体。特别是用户与生产厂家发生争议时，往往要求做仲裁检验，在仲裁检验中只能用气体标准物质作比对，这样才能增加仲裁结论的权威性和公正性。

（五）在工厂、车间（工段）周围大气环境监测中的作用

工厂、车间（工段）周围由于各种有毒有害气体的排放，不同程度地受到污染。因此，环境的监测与治理，大气污染的评价就显得愈来愈重要。而提供量值准确一致的各类气体标准物质，则是保证监测的准确性、治理有效性的前提和依据。而如果没有标准校正气体定期校准监测仪器仪表，要获得准确的环境监测数据也是不可能的。

五、使用标准校正气体的注意事项

（一）注意输送标准校正气体管路和材料的选择

把标准气从容器送至气相色谱仪进样口的管路包括压力或流量调节装置、管路、阀门等，对它们的要求是不失真地把标准气准确输送到色谱仪进样口。因此应根据标准气的性质、浓度、压力和有效体积来选择。

1. 管材的选择

输送标准气的管材应该满足下列要求：对标准气无渗透性；对标准气的吸附效应最小或者没有吸附性；对标准气呈化学惰性。表7-1为某些管材对气体组分的适用性。

表7-1 某些管材对气体组分的适用性

管材	稀有气体	氧气	二氧化硫	烃	一氧化碳 二氧化碳	干燥氯气	一氧化氮 二氧化氮	硫化氢
铜、黄铜	a	a	c	b	a	c	c	c
不锈钢	a	a	a	a	a	b	b	a
玻璃	a	a	a	a	a	a	a	a
天然橡胶	c	c	c	c	c	c	c	c
异丁橡胶	a	b	c	c	b	b	c	c
聚四氟乙烯	a	b	a	b	a	b	b	b
铝	a	a	b	a	a	b	b	b

注：a—适应性好；b—一般；c—不适应。

从表7-1可以得知，玻璃适用性最好，不锈钢次之，聚合材料最差。

2. 管路元件的选择

各管路、阀门（包括气瓶阀）和取样系统的接头应确保气密性和洁净。如果气密性不好，则进入到标准气中的污染空气的体积浓度与系统的泄漏速率成正比，与校正气体的体积流速成反比，对低浓度氧气的影响更大。

要选用死空间体积小的阀门和连接件，因为死空间体积所存的湿气和空气很难抽除或吹出。另外阀门的材质要选择吸附性小，尤其是其密封材料，不能是聚合橡胶材料，最好是金属材质。连接的管路应尽可能短，而且应尽可能干燥。

（二）注意选择与被测样品的组分及含量相近的标准校正气体

分析方法的相对偏差随待测组分的浓度而变化，待测组分浓度越低，相对标准偏差越

大。因此在日常检测中,标准气只有当其性质、成分、含量等与被测样品相近时,方可消除基体效应引入的误差,才能有效地进行检测结果可靠性评价。例如,在测定乙烯中痕量COS时,就应该选用乙烯中COS的标准气。因为在某些情况下,稀释气不一样,结果差异很大。标准气用N_2作稀释气时,其相对标准差(RSD)为3%,而以乙烯为稀释气时,其RSD为4%。所以,标气中的稀释气应与分析物的主体相同。但是,由于被测样品组成复杂,而标准气的品种又有限,难以做到完全一致。在这种情况下,可以通过条件实验来考察其定量的误差。然后引入校正系数进行校正。

(三) 注意标准气的有效期

由于气体易扩散,同时也不能完全排除气瓶内壁对气体的吸附。因此研制生产的标准气都明确规定有一定的使用期限。所以在使用任何一种标准气体时,都要注意其有效期。只有在有效期内使用标准气才能重现出其准确值。

(四) 使用标准气体之前,要进行充分混匀

有些标准气体的成分是由几种气体组成。放置一段时间后可能出现组分浓度分层现象。因此,再使用时必须要进行充分混合均匀,以确保所使用的标准气体量值可靠。

(五) 要注意某些易液化标准气的最低使用温度

某些可液化气体在不同温度、压力下,其饱和蒸气压不同。为防止在使用此类标准气体时出现某些分液现象,要注意标准气体的最低使用温度。

(六) 注意管线和阀件的样品置换

标准气都要经过减压器和管线后才能取样。要准确取样,必须将减压器和管线进行充分的置换,但不是简单意义的吹扫。因为死体积的存在,要不断将标准气钢瓶打开关闭3次以上,每次将减压器和管线的气体排尽,然后再次吹扫系统才能取样。

(七) 不要轻易转移标准气

从标准气钢瓶中把标气转移到取样袋或其他容器,然后再从容器中取样分析。这种操作会造成二次污染,使样品气的组成含量不能真实地反映出来。

第六节 气体组分分析误差的来源及其对策

分析的目的是要获得准确可靠的定量结果。色谱气体定量分析涉及有关定量分析技术——定量方法、数据处理装置以及标准气等,还必须研究在气体测定过程中,造成定量分析误差的原因以及采取的对策。这些原因,既有一般色谱定量测定的共性问题,更主要是气体分析特点所决定的特殊性问题。一般而言,主要包括以下几方面的问题。

一、气体采样的影响

气体分析准确性的前提是采样的真实性。样品采集的好坏直接影响最后的分析结果。若采样中出了问题,无论分析方法如何先进,仪器测定过程如何精密,最终的分析结果也不可能正确。

首先是采集样品的代表性,能客观地代表被研究的对象。因而要注意对采样系统的吹扫置换,要用样品气反复吹扫3次。

其次是保证样品的采集和传运过程中，被测组分不发生化学变化，无损失和被污染。例如，系统的泄漏会造成样品的损失，采集工具、盛装容器的不干净、空气中污染物的浸透都会引起样品的玷污，从而造成样品气组分浓度的失真。

第三是样品采集后，应尽快进行分析，有的样品不易保存，即使在钢瓶中的试样，其水含量会随着压力降低而逐渐增加；室温的升高或降低也会影响分析结果。而烃类气体中的无机硫在用不锈钢保留期间仍发现有大量降低的现象。当保存 H_2S 含量比较低时，储存不超过一周，H_2S 含量就会下降。氧含量小于百万分之五的纯乙烯，在钢瓶内保存也是很困难的，气体取样后，立即进行分析是减少误差的办法之一。

二、气体进样的影响

气体色谱进样的关键是重复性问题，既包括气体进样量是否准确，又包括气体样品在进样口和分离过程中有无吸附和分解现象，它们都会影响定量的结果。进样量虽然在归一化法中要求不严，但是量大量小还会受到检测器的线性范围的限制。在外标定量时，进样量的误差将直接影响定量的结果。虽然有进样阀进样比用医用注射器进样的精度有很大的改善，优于 0.5%（后者只有 5% 左右），但是仍受到室温和大气压力变化的影响。当室温相差 2.7℃ 时体积相差 1%，当大气压力差 1.33kPa（10mmHg）时，体积差 1.2%。

三、气相色谱仪稳定性的影响

要使气相色谱仪测量的数据准确，必须保证气相色谱仪具有正常的功能和优良的稳定性。对于新色谱仪，各项指标必须达到说明书的要求，对于使用中和修理后的色谱仪，其各项指标必须达到检修规程的要求。这些参数包括：载气流速稳定性、柱箱温度稳定性、程序升温重复性、基线噪声、基线漂移、灵敏度、检测限、定量重复性等。指标达不到要求，分析结果的准确度就要受到影响，有时甚至出不了数据。

四、色谱操作条件的影响

在保证气相色谱仪的性能指标达到要求的前提下，应根据分析的样品选择最佳的操作条件，以获得准确可靠的分析结果。

首先是载气和辅助气体纯度的影响。它们的纯度与分析检测限有关，并直接影响定量的准确度。欲检测组分的浓度越低，对气体纯度的要求越高，对于特殊检测器，纯度的要求比通用检测器更高。一般来说，载气和辅助气体中所含的杂质应比被测样品中该组分的含量低一个量级，否则要用纯化器进行纯化。

其次是保持色谱条件处于优化和稳定。柱温、载气流速、辅助气流速、检测器的工作稳定性（如温度、桥流、电离能等）都会影响峰面积和峰高的检测，从而影响定量的测定。因此色谱操作条件的稳定是很重要的，尤其对外标法定量的影响更大。

第三是选择高效能的色谱柱。良好的色谱峰是精确定量的基础，而色谱柱是获得良好色谱峰的首要条件。好的色谱柱，加上优化的色谱条件，可以得到分离好、峰对称、峰尖锐、基线平直的谱图，定量精度当然好，反之亦然。有时通过改变柱子，使出峰顺序颠倒，从而提高分析的准确度和最小检测限。例如在测定高纯度甲烷中一氧化碳时，用分子筛柱，痕量的一氧化碳在甲烷的大峰尾巴上流出，定量准确度会差很多。但用活性炭柱时，一氧化碳在甲烷之前流出，从而提高了测定痕量一氧化碳的准确度和最小检测限。

五、定量方法的影响

气体色谱分析有多种定量方法，这些定量方法各有优缺点和使用范围。如果定量方法选择不合适，将会给定量结果带来误差。例如，用峰高定量还是用峰面积定量就必须根据色谱峰的分离情况来决定。在分离低的情况下，宜用峰高定量；保留时间短、半峰宽窄的峰，其半峰宽测定的误差相对较大，所以也宜用峰高定量。但是用归一化定量或者在程序升温时，宜用峰面积定量。出峰不正常时，也必须用峰面积定量。因此，要根据具体情况选择合适的定量模式，才能得到好的分析结果。

在定量分析中，还要特别注意检测器的线性范围和色谱柱的柱容量，特别在高纯气纯度分析中，主组分容易超出检测器的线性范围或者超出柱负荷。此时峰面积和峰高都不与组分的含量成正比，当然也就谈不上定量的准确性。

六、积分参数的影响

现在的气相色谱仪大都配有数据处理机或者色谱数据工作站，而定量分析的数据采集和处理都是通过它们来完成的，它们工作状态的稳定性和积分参数的选择是否合适都会影响定量测定的结果。国内外的色谱工作者都已注意到这一点，若选择得不合适，还不如用记录仪来得可靠。因此，必须注意积分参数对定量分析的影响并很好地进行选择。

七、标准气的影响

对于气体色谱分析的定量测定，没有标准校正气体不行，有了标准气使用不当也不行，其重要性怎么说都不过分。因此要正确使用标准校正气体。

第七节 实验室气相色谱仪的选择

一、实验室气相色谱仪的特点

实验室气相色谱仪又称为经典气相色谱仪或者离线气相色谱仪。一般来说，它们有如下特点：

（1）实验室气相色谱仪种类多，可选择性强。

色谱工作者经过多年的研究和实践，为提高组分的分离和选择性，发展了许多新技术，从而研制出了多种气相色谱仪，主要有填充气相色谱仪、程序升温气相色谱仪、反应气相色谱仪、毛细管气相色谱仪、多维气相色谱仪等。当然，这种分类也不是绝对的。随着技术的发展，生产出一些单独的部件，它们相互配合，成为各种功能为一体的气相色谱仪。例如，一台主机色谱仪，既能做填充柱气相色谱分析，又能做毛细管柱气相色谱分析以及多维气相色谱分析。

（2）实验室气相色谱仪是离线分析仪器。

用实验室气相色谱仪来测定样品组分时，通常是离线取样分析，用取样工具把样品采集后，拿回实验室，用进样工具进行色谱分析。待报出结果时，工艺流程已经又进行下步工序，测试结果总是滞后生产过程，难以起到监督、指导生产的作用。在发明色谱工作站后，这种状况有所改变，实验室气相色谱仪利用带有软件的色谱工作站，通过取样管线，直接把样品引入色谱仪,控制进样阀门进行自动分析,直接打印出测定结果,但它仍是离线分析的范畴。

(3) 实验室气相色谱仪可以配置性能各异的各种检测器,灵敏度高。

色谱技术发展到今天,已有上百种检测器,常用的约有十几种。这些检测器既可以单独使用,也可以组合安装在一台气相色谱仪上,从而能做常量分析也能做痕量分析。例如,能检测出超纯气体、高分子单体等样品中质量分数为 10^{-6} 甚至 10^{-9} 量级的污染物。

(4) 实验室气相色谱仪操作简单,分析速度快。

目前的气相色谱仪可以说已经日臻完美,操作十分简单,只要经过短期培训就可以操作这种仪器。其分析速度之快也是很少有其他分析仪器与之比拟的。一个试样的分析可以在几分钟到几十分钟内完成,甚至是几秒就能完成。但是需要指出,操作简单只是指操作步骤而言,要完成建立一个色谱分析方法,选择出最佳的操作条件,包括柱温、载气流速、检测器工作参数、数据处理积分参数等绝非一朝一夕就能掌握的,这些操作条件的选择和优化需要色谱技术人员的知识和操作人员的经验才能在传统的气相色谱仪上获得可靠的数据。所以说,目前实验室气相色谱仪还没有实现成为非专业人员的一种工具。

(5) 实验室气相色谱仪体积大相对较大,耗电量大。

一台实验室气相色谱仪重达几十千克,搬动十分不便,耗电量也很大,单一主机一般都为几千瓦,加上各种气体的使用,它是一种高耗电的分析仪器。

二、实验室气相色谱仪的选择

由于气体研发、生产和应用部门对气体分析的目的要求不同,因此选用的仪器型号和规格有较大的差别。各单位应根据实际使用要求、人员技术水平、经费能力等因素进行综合考虑。下面是选用实验室气相色谱仪的基本思路。

(一) 从仪器的整体考虑

1. 气相色谱仪主机的选择

仪器主机是仪器的主体,是各个功能的载体。在形式上主要有两种,一种是单元组合形式,这种形式组合方便,维修方便,功能扩展也方便。例如,可以加新的检测器或者新的进样部件等。另一种是整体形式,造型美观,安装使用方便,但不易扩展功能。在选用时,通常是以单元组合形式为首选。

2. 检测系统的选择

检测器是色谱仪关键部件,配备什么检测器就可以完成特定的分析测定任务,没有一种万能的检测器。在选择检测器时,应了解不同检测器各自具有何种功能,适用于何种气体成分检测,还要了解这种检测器的特效性及局限性。同时还应了解这种检测器应配在什么样的主机上以及可达到的效果。

3. 进样系统的选择

进样方法是关系到检测数据是否准确的关键因素。对于气体中微量组分的监测来说,一般是选用带有定量管的阀门(如六通阀)取样进样,而手动直接注入式进样方式(宜用注射器)仅适用某些成分分析。但是,有些实验室气相色谱仪也不是都配有专门阀门进样装置。如果在选购前没有认真考察仪器进样系统的实际情况,盲目地购买势必造成工作的失误和不便。

（二）从实际应用和工艺条件考虑

如果使用单位所要分析的样品种类较多，并且还要不断地研制新产品，或者有科研任务，分析对象变动较大，则应选用多功能的实验室气相色谱仪，既有填充柱又有毛细管柱系统，还要配有 TCD、FID 等多种检测器。如果做某种定型原料或定型产品的含量或中间产物的控制分析，则只选用比较简单的专用气相色谱仪，如炼厂气分析仪、天然气分析仪。如果需要做气体中痕量组分的分析，除了配置 FID 外，还应选择灵敏度高的选择性检测器，如 FPD，甚至 MSD。

（三）从使用人员的水平考虑

气相色谱仪是一种精密的分析仪器，涉及各个学科和技术，可配置的组件又比较多，要把它们充分地使用好，没有一定的技术功底是不行的。虽然出现了一些微机控制的"傻瓜"型色谱仪，但还没有做到"智能型"和"免维护"的程度，柱子的选择、操作条件的优化仍需要色谱专家、技术人员去做。所以在选用仪器时，必须"因人而异"、"量体裁衣"，切不可求全求新。

（四）从长远发展和"一步到位"考虑

实验室气相色谱仪是比较贵的仪器，又是寿命比较长的设备。在选购时，一定要考虑它的先进性，要在几年内不至于过时落后。如集成化、微机化程度较高的色谱仪是比较稳定和先进的，符合"一步到位"的原则。

第八节　实验室气相色谱仪常见故障及排除方法

一、发生故障的常见原因

当气相色谱仪发生故障时，应考虑的问题有：

（1）漏。气相色谱仪的分离和信号与载气、辅助气分不开，任何一部分泄漏都会出现峰形的变异、灵敏度的变化等现象。易漏的部分有管线接头、密封圈、垫片，特别是容易老化的部件，在使用数月或数年以后因老化而泄漏。通过分段憋压的方法很容易找到泄漏点。

（2）堵。由于积炭、二氧化硅的沉积、气源杂质等堵塞使气体流量改变甚至为零，造成信号失灵。

（3）接触不良。线路板的插件，接线端子的表面氧化、松动以及导线的似断非断状态，是造成接触不良的主要原因。

（4）断路。因线路和信号线一般较细，在操作过程中稍有相碰，就会造成断路。另一方面也会出现熔断丝的烧毁、线路板元件断路等问题。

二、处理故障的原则

（一）先观察后排除

当色谱仪出现故障时，查阅过去的维修记录，判断保留时间是否有改变，基线漂移和噪声跟以往有何不同，峰形有没有改变等。

（二）先外部后内部

（1）外部检查主要包括如下内容：
①载气和各种辅助气体的压力、流速是否正常；

②色谱柱、进样器、检测器等温度指示值是否正常；
③气体管线和过滤器是否清洁干净，吸附剂是否饱和，有没有泄漏；
④进样器及连接管线的隔垫、O形圈、垫片和密封圈是否损坏、漏气和吸附；
⑤注射器和进样阀的操作是否规范，有无泄漏，注射针有无问题；
⑥样品的浓度、存储器是否有变化；
⑦数据处理机连接和设定值是否合适。
（2）开机内部检查主要包括如下内容：
①机内电源指示灯、电子管或其他发光元件是否通电发亮；
②有无高压打火、放电、冒烟现象；
③机内有无异味，如变压器电阻等因绝缘层烧坏而发出的焦糊味。

（三）先整体后局部

气相色谱仪是一个完整的分析系统，主要包括五个部分：载气系统、进样系统、色谱柱、检测器和数据处理系统。其中任何一部分不正常都会发生故障，所以要纵观整台仪器的现象，大致估计问题出在哪一部分。如无法估计，则可采用分段检查，如怀疑某一部分不正常，可从大段到小段步步压缩，迅速而准确判断故障出在哪个环节。故障范围限定在很小的局部，处理起来就十分方便。

三、常见故障及解决措施

（一）基线症状及解决措施

1. 基线漂移
（1）原因分析：
①气瓶压力不足。
②系统未稳定或漏气。
③放大器失灵。
④检测器元件失灵。
（2）解决措施：
①更换气瓶。一般要求气瓶压力必须不小于1MPa，以防瓶底残留物对气路的污染。
②等待温度达到平衡后，排除泄漏。
③检修放大器。
④更换检测器元件。

2. 基线噪声大
（1）原因分析：
①载气未净化或污染。
②载气压力不稳，流速过高。
③载气泄漏。
④检测器污染。
⑤检测器供电不稳。
⑥放大器漂移。
⑦电路接触不良。

⑧接地不良。
⑨信号电缆绝缘性能下降。
⑩加热器电源干扰。
（2）解决措施：
①检查和处理载气净化装置。
②检查、测试和调节载气流速。
③检查泄漏点并修复。
④清洗检测器。
⑤检查供电电源电压。
⑥检修或更换放大器。
⑦接插件用无水乙醇清洗干净吹干，插紧、拧紧各端子接线。
⑧检查接地状况。
⑨电缆两端接头拆卸，用兆欧表检查。
⑩切断加热器电源，确认后修理。

3. 基线出现大毛刺，周期性干扰或波动
（1）原因分析：
①电源干扰。
②接地不良。
③载气控制阀中有固体微粒，造成气流有脉动。
④灰尘或固体颗粒进入检测器。
⑤载气出口有冷凝物或凝聚物局部堵塞。
⑥载气输入压力过低或稳压阀失控。
⑦电源插头接触不良。
（2）解决措施：
①检查供电电路是否接在大功率设备上，改为单独供电。
②检查地线，不能用零线代替地线。
③清洗控制阀，清除固体颗粒。
④清洗和烘干，检测器气路入口加玻璃纤维或烧结不锈钢。
⑤加热管路，吹除管道中凝聚物或清洗管道。
⑥提高输入压力，使稳压阀降压不大于 0.05MPa 或检查阀的性能。
⑦检查插头是否松动，用无水乙醇清洗插头。

4. 基线不能调零
（1）原因分析：
①信号线短路。
②基流太大。
③检测器或放大器有故障。
④TCD 的桥臂不平衡。
⑤FID 的喷嘴局部堵塞。
（2）解决措施：
①排除短路。

②排除造成基流大的原因，如气体不纯、固定液流失、燃烧气流量过大等。
③检查检测器与放大器的参数和元件是否正常，调整参数或更换元件。
④更换 TCD 热丝。
⑤排除堵塞物。

5. 基线呈 S 形波动
（1）原因分析：
①恒温箱保温性能不好，随外界环境温度变化而变化。
②色谱仪安装在气流变化大的环境中。
（2）解决措施：
①恒温箱外层加保温棉。
②更改安装色谱仪的地点。

（二）无峰、峰太小的原因及解决措施

1. 无峰
（1）原因分析：
①载气气路泄漏。
②TCD 未加桥流或桥路供电接线断。
③信号线或信号电缆折断或信号线和屏蔽线、地线相碰。
④记录器或检测器未工作。
⑤取样阀或进样阀泄漏，样品量减少。
⑥汽化室温度太低，样品不能汽化。
⑦柱温太低。
（2）解决措施：
①做气密性检查，特别对色谱柱接头、检测器入口的泄漏进行检查。
②检查 TCD 桥路供电。
③用万用表检查，或拆卸信号线两端并用兆欧表检查。
④检查记录器及信号线有无问题，检测器有无信号输出。
⑤检查阀的气密性。
⑥检查升高汽化室温度。
⑦升高柱箱温度。

2. 峰太小
（1）原因分析：
①载气流速太低。
②TCD 桥流因电路故障而降低。
③取样阀漏，取样量减少。
④反吹阀或柱切换阀的时间程序设置不当，使组分被反吹、柱切换或开关门时损失。
⑤色谱柱因保留时间变化或载气流速变化导致组分被反吹或柱切换。
⑥衰减电位器衰减过大或运行中衰减量发生变化。
⑦柱温太低。
⑧进样量不重复。
⑨燃气不足。

(2) 解决措施:
①检测柱出口载气流速,并进行调整。
②检查桥路供电电流。
③检查取样阀的气密性。
④根据色谱图的分离谱图重排反吹、柱切换时间,重排组分出峰时间。
⑤检查柱出口和载气流速,用标准气检查色谱柱的分离谱图、重排程序时间或更换色谱柱。
⑥检查或重新调整衰减电位器。
⑦检查柱温并重新设定。
⑧改善进样技术。
⑨换钢瓶或者重新给定燃气流量。

(三) 出峰不正常的原因及解决措施

1. 拖尾峰

(1) 原因分析:
①柱温太低。
②进样器衬套或柱吸附活性组分。
③两个化合物共洗脱。
④柱污染。
⑤色谱柱选用不当。
⑥系统死体积大。
⑦金属填充柱吸附。
⑧色谱柱过载,PLOT 柱易过载。

(2) 解决措施:
①适当提高柱温,但要保证所需要的分离度,不能超过色谱柱最高温度。
②更换衬套及减活玻璃毛。
③提高灵敏度,减少进样量,降低柱温 10~20℃,使色谱峰分开,更换色谱柱。
④去掉柱前端的减活玻璃毛或者更换柱子。
⑤更换色谱柱。
⑥柱后加尾吹,减少系统死体积。
⑦改用玻璃填充柱。
⑧减少进样量或稀释 10 倍再进样。

2. 前伸峰

(1) 原因分析:
①汽化室温度太低。
②柱温太低。
③载气流速太低。
④进样量过大,造成柱过载。
⑤选用色谱柱不合适。
⑥两种化合物共流出。

(2) 解决措施：
①提高汽化室温度以保证样品完全汽化。汽化室温度一般高于柱温 50~100℃。
②提高柱温，保证样品在系统中不冷凝。
③检查载气稳压阀，检查柱出口流速，重调。
④减少进样量，用小定量管或者增加固定相含量。
⑤更换色谱柱。
⑥提高灵敏度，减少进样量或降低柱温 10~20℃ 以使色谱峰分开；或更换色谱柱。

3. 圆头峰或平顶峰
(1) 原因分析：
①进样量大。
②记录器增益太低。
③超出检测器的线性动态范围。
④记录器、滑线电阻或机械传递系统有故障。
(2) 解决措施：
①改用小定量管，减少进样量。
②调整放大量。
③改用小定量管，减少进样量。
④检查并进行调整。

4. 鬼峰
(1) 原因分析：
①柱头有污染物。
②进样垫流失或降解。
③载气不纯。
④汽化室污染。
⑤固定相和载气中的污染物发生反应。
⑥进样垫过热。
(2) 解决措施：
①老化色谱柱，然后空运行直至鬼峰消失。
②降低进样温度，更换高温进样垫。
③净化载气或者更换高纯度的载气。
④清洗汽化室。
⑤更换固定相和载气。
⑥降低进样垫温度。

5. 分裂峰
(1) 原因分析：
①检测器过载。
②柱温波动。
③进样技术不佳，形成二次进样。
④密封垫泄漏。

（2）解决措施：
①减少进样量或者稀释样品浓度。
②检查温控系统及柱箱密封情况。
③改善并提高进样技术。
④更换密封垫。

6. 反峰
（1）原因分析：
①记录器输入线接反。
②载气或燃烧气不纯。
③铜热导池时使用 N_2 作载气部分出反峰。
（2）解决措施：
①改正电源接线或信号倒向。
②更换气瓶或净化器。
③改用 H_2 或 He 作载气。

（四）重复性差的原因及解决措施
1. 峰谱重复性不好
（1）原因分析：
①取样阀瓣因划伤窜气。
②色谱柱填料装填太松，阻值变化造成保留值变化。
③放大器工作不稳定或放大器中继电器触点接触不良。
④桥路供电不稳，或高或低。
⑤衰减电位器接触不良。
⑥记录器灵敏度太低。
⑦漏气，特别是有微漏。
⑧柱温未达平衡。
⑨程序升温过程中，流速变化过大。
⑩载气严重不纯，基线波动大。
（2）解决措施：
①检查、修复或更换取样阀瓣。
②测定气阻，重新装填或更换。
③检查放大器电路系统，必要时更换继电器或电路元件。
④检测桥路电流和纹波，必要时更换。
⑤用无水乙醇清洗，吹干后复原。
⑥检查和调整记录器或者记录系统。
⑦检查系统气密性。进样口橡胶垫要及时更换，特别是在高温情况下。
⑧柱温升至工作温度后再平衡一段时间。
⑨每次程序升温时，应用足够的时间平衡。
⑩更换载气。

2. 峰谱中一些组分峰突变
（1）原因分析：

①色谱柱吸附样品，随后解吸。
②进样量太大，形成倒灌。
③进样技术太差，如进样太慢。
（2）解决措施：
①更换色谱柱或者固定相。
②减少进样量。
③采用快速平稳的进样技术。

第八章 化验室建设与管理

第一节 天然气净化厂化验室的功能要求

一、化验室的分类

(一) 化验室的类型

天然气净化厂化验室主要承担装置生产过程中原料气、过程气、产品气、尾气、三甘醇溶液、醇胺溶液、硫黄等的常规分析工作和新鲜水、锅炉水、循环水、污水等水质分析工作，同时还承担本厂环境监测项目的分析化验工作。在装置检维修期间，承担开停产置换气、受限空间气质分析等工作。

(二) 化验室的基本要求

根据化验分析项目和频率的需要，化验室有精密仪器和各种化学药品，其中包括易燃及腐蚀性药品。另外，在操作中常产生有害的气体或蒸气。因此，对化验室的房屋结构、环境、室内设施等都有特殊的要求。

化验室要求远离灰尘、烟雾、噪声和震动的环境，要尽可能做到防震、防火、隔热、空气流通、光线充足。因此化验室不应建在交通要道、锅炉房、机房附近。

化验室用房大致分为三类：精密仪器实验室、化学分析实验室、辅助室（办公室、储藏室、钢瓶室等）。例如，某净化厂的分析化验室配备有色谱分析室、化学分析室、电化学分析室、光电分析室、标准滴定溶液室、硫黄分析室、总硫分析室、天平室、钢瓶室等。

二、化验室的设计规划

(一) 规划要求

化验室的建设，不单是购置优良的仪器设备，还要综合考虑化验室的整体规划，做到合理布局，对供水、供电、供气、通风，安全防护、环境保护等基础设施进行总体设计。

化验室规划的第一步是绘制功能布置图。功能布置图确定以后，应该按工程内容分别绘制下列平面图：给排水工程、照明工程、电气工程、地面加固工程、空调工程、房间间隔工程、防噪声工程、气体管线工程、电话通信工程等。

在条件许可的情况下，化验室的建设要尽量注意以下几个方面：

(1) 建筑结构。房屋结构要尽可能防震、防火、隔热、空气流通、光线充足。通风柜最好能在建筑房屋时建在墙壁适当位置上，并装上排气风扇。设置水盆的墙壁应镶有一定面积的瓷砖，或在水泥面上涂防腐蚀油漆。

(2) 室内采光和照明。化验室内应光线充足，最好是双层玻璃窗。避免阳光直射屋内，太阳光线会对一些精度较高的分析仪器产生较大影响。因此窗户上除安装窗帘外，最好选用茶色玻璃或在窗玻璃上贴上日照调整薄膜，利用这种在聚酯薄膜上作了真空镀铝处理的薄膜来反射大部分的太阳辐射热，并遮挡紫外线。

化验室的照明用电要与设备用电分开，单独设立闸刀开关。照明常采用白炽灯和日光灯。一般除安装公用的日光灯外，每个实验台上方还应设置日光灯具，利于夜班操作。在室内及走廊上还要安装应急灯，以备突然停电使用。

(3) 给排水系统。化验室的水源要保证足够的压力和流量，以保证仪器设备正常运行。化验室自来水应有自己专门的总阀门（总阀门旁设有放水阀），室内供水总阀门要安在易操作的位置。不同类型的水龙头，满足不同仪器的洗涤、抽滤、蒸馏、冷却等各种需要，除墙壁、角落应设置适当数量水龙头外，实验台两头和中间位置也应安装水管。水槽的下水管一定要装水封管，下水管道应采用耐酸碱腐蚀的材料，地面还应有地漏设施。有条件的单位可以设置热水管。

(4) 电气工程。化验室的供电设施，应备有三相交流电源及单相交流电源，以供一般用电之需，并根据用电设备要求，选择合适的电力负荷和布局。

对 24h 运行的电器要单独供电，其余电气设备均由总电源开关控制，烘箱、马弗炉等电热设备应有专用插座、开关及熔断器。安装足够的电源插座，这些插座应有控制开关盒保险设备，以防个别线路短路时影响整个化验室的正常运行。插座安装的位置要远离水源、热源和可燃性试剂，可设在实验台台面或台边。为防止化学实验室室内腐蚀性气体的侵蚀，配电导线宜采用铜芯线。实验室所使用的电器装置设备均应接地。

实验台旁的电源插座容量一般不大于 10A，如果用于大容量的电气设备往往会出危险。对容量超过 20A 的仪器来说，仪器电源线一般不配插头而用闸刀开关。应在有关平面图上标出闸刀开关的位置、离地面的高度、三相还是单相电源、电压及容量、接地规格等。分析仪器的电源线通常用比较粗的隔离软线。大型精密仪器的供电电压应稳定，一般允许电压波动范围是 ±10%，最好配置稳压电源等附属设备。为保证供电不间断，可采用双电源供电。微机控制的精密仪器对供电电压和频率有一定要求，为防止电压瞬变、瞬间停电、电压不足等影响仪器工作，可考虑选用不间断电源（UPS）。

(5) 地面加固工程。关于地面强度，应考虑有多少仪器设备安放，占地面积多大。地面施工时应保持水平。

实验室的地面可为水泥、水磨石、防滑瓷砖或防静电地板等，必要时可以粘上一层绝缘塑胶地面，但不应铺设地毯，因为地毯易聚集灰尘、产生静电。

（二）化验室的内部设施与基本要求

室内布局应有利于提高工作效率，保证安全，方便管线的安装和维护，避免各项分析任务的相互干扰。

1. 实验台

实验台主要有两种形式：一种是长方形实验台，台下安放专用仪器柜。另一种是实验桌，一般不放置固定的仪器柜。实验桌上可设试剂架，桌两端设水槽。

台面材料应耐用，不易被腐蚀。目前采用的台面有白瓷砖、厚玻璃下衬白纸、金属板、木板、电木板、环氧树脂、水磨石、塑料板或橡胶板等材料，用木板时要涂以防酸碱的涂料。

根据实验室的大小，要适当地建造大小不等的水泥台、大理石台，以供安放电炉、高温炉、沙浴箱、水浴箱等设备。

2. 通风橱

为保证通风良好，实验室一般多采用通风橱和安装排风扇的办法。根据需要，也可以安装强力风机和排风管道进行强制通风。

通风橱排气系统的效率,可用流量计测试气体的流速来表示;也可以用烟雾发生器,将它放在通风柜内的不同位置,把通风橱前面的上下拉门开启成不同大小,来测试通风柜的效率。通风橱应用防爆风机排风,排风口高出屋顶2m以上。安装风机时应有减振措施,以减小噪声。

仪器分析室中常安装空调机来换气、调温和去湿,安装时也需采取减振措施。

3. 药品储藏室

药品储藏室要符合危险品存放的安全要求,具有防明火、防潮湿、防高温、防日光直射、防雷电的功能,通风良好,门应朝外开。易燃液体储藏室室温一般不许超过28℃,爆炸品不许超过30℃。少量危险品可用铁板柜或水泥柜分类隔离储存。室内设防爆风扇,采用防爆型照明灯具,需配备消防器材。

4. 钢瓶室

易燃或助燃气体钢瓶要求安放在室外的钢瓶室内。钢瓶要求远离热源、火源及可燃物。钢瓶室要用非燃或难燃材料建造,墙壁用防爆墙,轻质顶盖,门朝外开。要避免阳光照射,并有良好的通风条件。钢瓶距明火热源10m以上,室内设有直立稳固的铁架用于放置钢瓶。钢瓶房应设置固定式报警装置。

第二节 化验室标准化

标准化是进行质量管理的依据和基础,标准化的活动贯穿于质量管理的始终,标准与质量在循环过程中互相促进,共同提高。

一、标准

为在一定的范围内获得最佳秩序,对活动或其结果规定共同的和反复使用的规则、导则或特性文件。该文件经协商一致制定并经一个公认机构的批准。

根据标准适用范围的不同,按《中华人民共和国标准化法》规定,将我国的标准分为四个等级,即国家标准、行业标准、地方标准和企业标准。

(一)国家标准

国家标准是由国家的官方标准化机构或国家政府授权的有关机构批准、发布,在全国范围内统一和适用的标准。对需要在全国范围内统一的技术要求,应当制定国家标准。我国国家标准由国务院标准化行政主管部门编制计划和组织草拟,并统一审批、编号和发布。

我国国家标准的代号,用"国标"两个字汉语拼音的第一个字母"G"和"B",表示。强制性国家标准的代号为"GB",推荐性国家标准的代号为"GB/T"。国家标准的编号由国家标准的代号、国家标准发布的顺序号和国家标准发布的年号三部分构成。

(二)行业标准

中华人民共和国行业标准是指全国性的各行业范围内统一的标准。《中华人民共和国标准化法》规定:"对没有国家标准而又需要在全国某个行业范围内统一的技术要求,可以制定行业标准。"行业标准由国务院有关行政主管部门编制计划,组织草拟,统一审批、编号、发布,并报国务院标准化行政主管部门备案。

行业标准代号由国务院标准化行政主管部门规定。目前，国务院标准化行政主管部门已批准发布了 58 个行业标准代号。例如，石油行业标准的代号为"SY"。行业标准的编号由行业标准代号、标准顺序号及年号组成。

同样，行业标准也分为强制性标准和推荐性标准。

（三）地方标准

中华人民共和国地方标准是指在某个省、自治区、直辖市范围内需要统一的标准。对没有国家标准和行业标准而又需要在省、自治区、直辖市范围内统一的工业产品的安全和卫生要求，可以制定地方标准。制定地方标准的项目，由省、自治区、直辖市人民政府标准化行政主管部门确定。地方标准由省、自治区、直辖市人民政府标准化行政主管部门编制计划，组织草拟，统一审批、编号、发布，并报国务院标准化行政主管部门和国务院有关行政主管部门备案。地方标准不得与国家标准、行业标准相抵触，在相应的国家标准或行业标准实施后，地方标准自行废止。

地方标准的代号，由汉语拼音字母"DB"加上省、自治区、直辖市行政区划分代码前两位数，再加斜线、顺序号和年号共四部分组成。

（四）企业标准

企业标准是指企业所制定的产品标准和在企业内需要协调、统一的技术要求和管理、工作要求所制定的标准。企业生产的产品在没有相应的国家、行业标准和地方标准时，应当制定企业标准，作为组织生产的依据。在有相应的国家标准、行业标准和地方标准时，国家鼓励企业在不违反相应强制性标准的前提下，制定充分反映市场、用户和消费者要求的，严于国家标准、行业标准和地方标准的企业标准，在企业内部适用。

企业标准由企业制定，由企业法人代表或法人代表授权的主管领导批准、发布，由企业法人代表授权的部门统一管理。企业的产品标准，应在发布后 30 日内办理备案。一般按企业隶属关系报当地标准化行政主管部门和有关行政主管部门备案。

企业标准的代号为"Q"。某企业的企业标准的代号由企业标准代号 Q 加斜线再加企业代号组成，企业代号可用汉语拼音或阿拉伯数字或两者兼用组成。

企业标准的编号由该企业的企业标准的代号、顺序号和年号三部分组成。

（五）国际和国外先进标准

国际标准：由国际性标准化组织制定并在世界范围内统一使用。目前是指国际标准化组织（ISO）、国际电工委员会（IEC）、国际电信联盟（ITU）所制定的标准，以及被国际标准化组织确认并公布的其他国际组织制定的标准。

国外先进标准：是指未经 ISO 确认并公布的其他国际组织的标准、发达国家的国家标准、区域性组织的标准、国际上有权威的团体标准和企业（公司）标准中的先进标准。

有影响的区域性标准：欧洲标准化委员会（CEN）标准，欧洲电工标准化委员会（CENELEC）标准，欧洲电信标准学会（ETSL）标准，欧洲广播联盟（EBU）标准，太平洋地区标准会议（PASC）标准，亚洲、大洋洲开放系统互联研讨会（AOW）标准，亚洲电子数据交换理事会（ASEB）标准等。

国际上有权威的团体标准：美国国家标准（ANSI）、美国军用标准（MIL）、德国国家标准（DIN）、英国国家标准（BS）、日本工业标准（JIS）、法国国家标准（NF）、意大利国家标准（UNI）、俄罗斯国家标准（ГОСГ）等。

国际上有权威的团体标准：美国材料与试验协会标准（ASTM）、美国食品与药物管理局（FDA）标准、美国石油学会标准（API）、英国石油学会标准（IP）、美国保险商实验室安全标准（UL）、美国电气制造商协会标准（NEMA）、美国机械工程师协会标准（ASME）、德国电气工程师协会（VDE）标准、英国劳氏船级社《船舶入级规范和条例》（LR）等。

国际标准是世界各国进行贸易的基本准则和基本要求。《中华人民共和国标准化法》规定："国家鼓励积极采用国际标准"。采用国际标准和国外先进标准是我国一项重要的技术经济政策，是技术引进的重要组成部分。

我国标准采用国际标准或国外先进标准的程度分为两种：（1）等同采用。所谓等同采用是指内容相同，没有或仅有编辑性修改，编写方法完全对应。等同采用相当于国际上的翻译法。（2）修改采用。所谓修改采用是指在技术内容上有差异，并把这些差异按规定标示。

我国标准采用国际标准或国外先进标准程度的表示方法见表8-1。

表8-1 采用国际标准或国外先进标准程度的表示方法

采用程度	符号	缩写字母
等同	≡	idt 或 IDT
修改	=	mod 或 MOD

采用ISO标准的两种采用程度在我国国家标准封面上和首页上表示方法如下：

（1）GB××××—××××（idt ISO ××××：××××）；

（2）GB××××—××××（mod ISO ××××：××××）。

标准的种类分为综合标准、产品标准、方法标准、安全标准、卫生标准、环境保护标准等。应用时可以查阅有关资料。下面列举三类：

（1）综合标准，综合标准包括质量控制和技术标准；

（2）产品标准，产品标准包括各种被分析的产品的技术条件、分级及质量指标；

（3）分析方法标准，这类标准有基础标准与通用方法。

标准方法是经过试验论证，取得充分可靠的数据的成熟方法，而不一定是技术上最先进、准确度最高的方法。标准化组织每隔几年就要对已有的标准进行修订，颁布一些新的标准。因此使用标准方法时要注意是否已有新的标准替代了旧标准。另外，测试中是否采用标准方法要根据分析的目的及送样者的要求而定。

二、标准物质

为了保证分析测试结果具有一定的准确度，并具有可比性和一致性，必须使用标准物质校准仪器、标定溶液浓度和评价分析方法。

标准物质要求材质均匀、性能稳定、批量生产、准确定值、有标准物质证书（标明标准值及定值的准确度等内容）。

（一）标准物质的分级和分类

在我国标准物质分为两个级别：一级标准物质代号为GBW，二级标准物质代号GBW（E）。一级标准物质由国家计量行政部门审批并授权生产，采用绝对测量法定值或由多个实验室采用准确可靠的方法协作定值，主要用于研究与评价标准方法、对二级标准物质定值等。二级标准物质是采用准确可靠的方法或直接与一级标准物质相比较的方法定值的。二级标准物质常称为工作标准物质，主要用于评价分析方法以及同一实验室或不同实验室间的保证值。

（二）一些常用的标准物质

表 8-2 列出了一些与化验分析关系密切的常用标准物质。

表 8-2 与化验分析关系密切的常用标准物质

类 别	名 称
高纯试剂标准物质	碳酸钠纯度标准物质（以下略去"纯度标准物质"）、乙二胺四乙酸二钠、氯化钠、重铬酸钾（E）、邻苯二甲酸氢钾（E）、氯化钾（E）、草酸钠（E）、三氧化二砷（E）
氯化钾电导率标准物质	真空中四种浓度的基准溶液：0.074526g KCl/kg 溶液、0.745263g KCl/kg 溶液、7.41913g KCl/kg 溶液、71.1352g KCl/kg 溶液
熔点标准物质（一、二级）	对硝基甲苯、萘、苯甲酸、1,6-己二酸、对甲氧基苯甲酸、蒽、对硝基苯甲酸、蒽醌
pH 标准物质（一、二级）	四草酸氢钾（pH 1.68）、酒石酸氢钾（pH 3.56）、邻苯二甲酸氢钾（pH 4.00）、混合磷酸盐（pH 6.86）、硼砂（pH 9.18）
高纯气体标准物质	高纯一氧化碳、氢气（E）、氮气（E）、纯一氧化氮（E）、纯硫化氢（E）、纯一氧化碳（E）、纯二氧化碳（E）、甲烷气（E）、丙烷气（E）等
成分气体标准物质	空气中甲烷气体，氮中乙烯气体，氮中乙烷、甲烷、丙烷、乙烯、异丁烷混合气体等
环境水质标准物质	水中铜、锌、铅、镉、铁、锰、镍、总铬成分分析标准物质；水中氯离子、硝酸根、硫酸根成分分析标准物质

注："E"为二级标准物质。

（三）标准物质的应用

1. 用于校准分析仪器

理化测试仪器及成分分析仪器，如酸度计、电导率仪、量热计、成分分析仪等都属于相对测量的仪器。例如，酸度计需用 pH 标准缓冲物质配制 pH 标准缓冲溶液来定位，然后测定未知样品的 pH 值，电导率仪需用已知电导率的标准氯化钾溶液来校准电导率，成分分析仪器要用已知浓度的标准物质校准仪器。

2. 用于评价分析方法

采用与被测样品组成相似的标准物质以同样的分析方法进行处理，测定样品的回收率，比加入简单的纯品测定回收率方法更简便可靠。具体操作是：选择浓度水平、化学组成和物理形态合适的标准物质与样品进行平行测定，如果标准物质的分析结果（$\bar{x} \pm t \cdot s/\sqrt{n}$）与证书上所给的保证值（$A \pm U$ 标准值±总不确定度）一致（$\bar{x} - A \leqslant [(t \cdot s/\sqrt{n})^2 + U]^{1/2}$），则表明分析测定过程不存在明显的系统误差，样品的分析结果可靠，可近似地将精密度作为分析结果的准确度。

3. 用于工作标准

1）制作工作曲线

仪器分析大多是通过工作曲线来建立被测物质的量和某物理量的线性关系，求得测定结果的。

2）给物料定值

在测量仪器、测量条件都正常的情况下，用与被测物基体和含量接近的标准物质与样品交替进行测定，测出被测物的结果。

4. 用于提高实验室间的测定精密度

在多个实验室进行合作实验时,由于各实验室条件不同,使合作实验的数据发散性较大。应采用同一标准物质,用标准物质的保证值和实际测定值求得该实验室的修正值,以此校正各自的数据,可提高实验室间测定的再现性。

5. 用于分析化学的质量保证

分析质量保证负责人可以用标准物质考核、评价分析者和实验室的工作质量,作质量控制图,使共同任务的检测工作的测量结果处于质量控制中。

6. 用于制定标准方法、产品质量监督检验、技术仲裁

在拟定测试方法时,需要对各种方法值比较试验,采用标准物质可以评价方法的优劣。在制定标准方法和产品标准时,为了求得可靠的数据,使用标准物质作标准。

产品质量监督检验机构为确保其出具的数据的公正性与权威性,采用标准物质评价其测定结果的准确度及进行其检验能力的监视。

在商品质量检验、分析仪器质量评定、污染源分析监测等工作中,当发生争议时,需要用标准物质作为仲裁的依据。

三、化学试剂和材料

(一) 化学试剂

在分析工作中,从取样、样品处理直至进行测定都要用到化学试剂,正确选择化学试剂的等级是分析测试质量保证的重要内容。很多测定需要使用作为标准物质的化学试剂来标定标准滴定溶液或标定仪器刻度。这在"溶液配制"及"标准物质"部分中都会提及。

试剂中某些杂质含量过高会增加空白值,称为"试剂空白",而空白值则决定了该方法能测定的最小值。在痕量分析中,实验用水的杂质、空气中的灰尘、器皿等的污染也是引起空白值增加的原因。

试剂超过规定的储存期应重新配制,如滴定分析的标准滴定溶液在常温(15~25℃)下,保存期一般不得超过2个月。

(二) 器皿材料

处理样品、配制和储存标准滴定溶液需要使用各种材料组成的器皿,如烧杯、坩埚、试剂瓶等。如选用不合适,可能引起被测组分的吸附损失或污染。

四、计量器具的校准

计量器具是指能用以直接或间接测出被测对象量值的装置、仪器、仪表、量具。

在规定条件下,为确定测量仪器或测量系统所指示的量值,或实物量具所代表的量值(参考物质),与对应的由标准所复现的量值之间关系的一组操作,称为校准。

(一) 校准的主要含义

(1) 在规定的条件下,用参考标准对包括实物量具或参考物质在内的测量仪器的特性赋值,并确定其示值误差。

(2) 将测量仪器和代表的量值,按照比较链和校准链,将其溯源到测量标准复现的量值上。

(二) 校准的主要目的

(1) 确定示值误差,并确定其是否处于预期的允差范围之内;
(2) 得出标称值偏差的报告值,并调整测量仪器或对示值加以修正;
(3) 给标尺标记赋值或确定其他特性,或给参考物质的特性赋值;
(4) 实现溯源性。

校准的依据是校准规范或校准方法,通常对其应作统一规定,特殊情况下也可自行制定。

校准的结果可记录在校准证书或校准报告中,也可用校准因数或校准曲线等形式表示。

测量仪器的检定,是指查明和确认测量仪器是否符合法定要求的程序,它包括检查、加标记和(或)出具检定证书。

根据检定的必要程度和我国对其依法管理的形式,可将检定分为强制检定和非强制检定。所谓强制检定,是指由计量行政主管部门所属的法定计量检定机构或授权的计量检定机构,对某些测量仪器实行的一种定点定期的检定。我国计量法规定,对计量标准器具及用于贸易结算、安全防护、医疗卫生、环境监测4个方面的工作计量器具以及我国对社会公用计量标准,部门和企业、事业单位的各项最高计量标准由计量部门进行强制检定,未按规定申请检定或检定不合格的不得使用。检定周期由执行强检的技术机构按照计量检定规程,结合实际情况确定。与分析检测有关的强制检定的计量器具为:玻璃计量器具、玻璃液体温度计、砝码、天平、密度计、分光光度计、比色计、酸度计、电导率仪、干燥箱、压力表及各种成分分析仪器等。

非强制检定是指由使用单位自己或委托具有社会公用计量标准或授权的计量检定机构,对强检以外的其他测量仪器依法进行的一种定期检定,检定周期自行确定。

(三) 校准和检定的主要区别

(1) 校准不具法制性,是企业自愿溯源行为;检定则具有法制性,属计量管理范畴的执法行为。
(2) 校准主要确定测量仪器的示值误差;检定则是对其计量特性及技术要求符合性的全面评定。
(3) 校准的依据是校准规范、校准方法,通常应作统一规定,有时也可自行制定;检定的依据则是检定规程。
(4) 校准通常不判断测量仪器合格与否,必要时也可确定其某一性能是否符合预期的要求;检定则必须做出合格与否的结论。
(5) 校准结果通常是出具校准证书或校准报告;检定结果则是合格的发检定证书,不合格的发不合格通知书。

第三节 仪器分析方法与分析仪器概述

分析仪器的发展历史与分析化学的发展密切相关,21世纪将进一步迈进信息智能化和仿生化。21世纪分析化学的发展方向是高灵敏度、高选择性(复杂体系)、快速、自动、简便、经济。对分析仪器而言,一方面要降低仪器的信噪比;另一方面是各类分析仪器的联用,特别是分离仪器和检测器的联用,如色谱仪(气相色谱、液相色谱或超临界流体色谱仪以及多维色谱仪）和各种分析仪器（质谱、核磁共振波谱、傅里叶红外光谱、原子吸收光谱和原子发射光谱）的联用，使前者的分离功能和后者的识别功能很好地结合。

从目前到未来的一段时间里，近红外光谱化学计量学软件设计及其在各行业的应用软件（包括建模、校准、评价、数据优化等软件和软件包）的开发和完善也将成为国内外分析仪器发展的另一个热点。

一、原子光谱分析法

（一）原子发射光谱分析法

21世纪新兴的原子光谱分析光源是等离子体光源，分为直流等离子体（DCP）、高频电感耦合等离子体（ICP）和微波等离子体（MP）。直流等离子体是最早用于原子光谱分析的一种等离子体光源，功率较ICP低，雾化器不易堵塞，总氩气的用量只及ICP耗气量的一半，无高频辐射，检出限与ICP相近或稍差，精密度不如ICP好，线性范围比ICP窄，基体效应比ICP严重，电极易污染。ICP具有优良的分析特性：被测元素能有效地进行原子化和消除化学干扰；工作曲线有较宽的线性范围，达4~6个数量级；信噪比高；可快速进行多元素的同时测定。微波等离子体包括电容耦合微波等离子体（CMP）和诱导微波等离子体（MIP），常用微波频率为2450MHz，主要优点是激发能力强，以He为工作气体时，可以测定包括卤素在内的几乎所有元素，有很好的检出限。

（二）原子吸收光谱法

按照所用的原子化方法的不同，可分为：（1）火焰原子吸收法（FAAS），（2）石墨炉原子吸收法（GFAAS），（3）石英炉原子化法，可以在较低的温度下原子化，包括汞蒸气原子化、氢化物原子化和挥发物原子化。背景校正器有氘灯背景校正器、塞曼效应背景校正器、自吸背景校正器。原子吸收法的优点是检出限低，FAAS为$10^{-6} \sim 10^{-9}$g/mL，GFAAS为$10^{-9} \sim 10^{-14}$g/mL。目前，与其他分析技术联用促进了原子吸收光谱法的发展。与流动注射联用，消除了基体效应，提高了测定灵敏度和精密度。与氢化物发生器联用，使测定Ge、Sn、Pb、Sb、Bi、Se、Te、In、Tl等元素的检出限降低到$10^{-9} \sim 10^{-12}$g/mL。

（三）原子荧光光谱法

原子荧光光谱在元素及其形态分析方面有着广泛的应用，特别是与氢化物发生进样技术的结合，在测定地质样品、钢铁合金、环境样品、食品、生物样品中的Ge、Sn、Pb、As、Sb、Bi、Se、Te、Hg、Cd有很好的效果。原子荧光光谱法的特点是：谱线简单，光谱干扰少；检出限低，测定空气中的汞，检出限为10^{-9}g/mL；可进行多元素同时测定；校正曲线的线性范围宽，达到4~7个数量级；适用元素的范围不如原子发射光谱法和原子吸收光谱法广泛。

二、分子光谱分析法

（一）紫外—可见分光光度法

除常见的分光光度法外，又发展了多种多样的分光光度测量技术。例如，双波长分光光度法，可以有效地消除复杂试样的背景吸收、散射、浑浊对测定的影响，很适合于生物样品的分析；胶束增溶分光光度法可以提高测定选择性和灵敏度，摩尔吸收系数一般可达10^6L/(mol·cm)；导数分光光度法提高了对重叠、平坦谱带的分辨率与测定灵敏度；示差分光光度法提高了测定很稀或很浓溶液吸光度的精度。随着化学计量学方法的兴起，出现了多种计算机辅助分光光度法，如因子分析、偏最小二乘法、多元线性回归分光光度法等，可以在谱带严重重叠的情况下，不经分离可以直接实现多组分的同时测定。

（二）红外光谱吸收法

红外光谱能提供有机化合物丰富的结构信息，特别是中红外光谱是鉴定有机化合物结构最主要的手段之一。近年来，近红外光谱技术与各种化学计量学算法相结合，取得了显著的研究成果。目前，傅里叶变换红外光谱仪（FTIR），逐渐取代了色散型红外光谱仪，它主要由红外光源、光学系统、检测器以及数据处理与数据控制系统组成。随着红外分析技术的发展，红外光谱的应用领域不断扩大。利用热重分析—傅里叶红外光谱联用（TGA-FTIR）分析物质热变过程的挥发性物质的热变机理的研究。气相色谱—傅里叶变换红外光谱联用技术（GC-FTIR）更是分析复杂有机化合物的有力工具，绝对检出限达到几百甚至几十微克。傅里叶变换红外光谱与显微镜联用已成为一种微量和微区分析的新技术。

（三）光声光谱法

光声光谱法（PAS）基础是光声效应。光声光谱法的特点是：灵敏度高，比普通分光光度法高 $2\sim3$ 个数量级；应用范围广，可用于不透明固体、液体、气体和薄层样品分析，尤其可用于常规光谱仪难以分析的深色不透明或高散性的样品（如深色催化剂、生物活体试样等以及制样困难的橡胶和高聚物）的分析；用于检测大气中的氯乙烯、六氟化铀、氟里昂等污染物，绝对检出限可达到 $10^{-9}g$。

（四）拉曼光谱法

拉曼光谱的特点：对非极性基团、碳链和环的骨架振动，拉曼光谱比红外光谱具有更强的特征性，并能很好地区分异构体；水的红外吸收强，而拉曼散射弱，很适合在水溶液介质中研究生物大分子的结构；拉曼光谱较红外光谱简单，没有倍频和组合频信号，减少了谱带重叠干扰的可能性；制样比较简单，液体、固体、粉末斌样可直接测定；傅里叶变换拉曼光谱仪使用的激光源功率低，减少了光源对有机样品和生物样品的光热分解和荧光对测定的干扰。拉曼光谱主要用于化合物分子结构的鉴定，利用微分析装置将激光聚焦到很小的特定微区获得的显微拉曼光谱，特别适合半导体、陶瓷、生物活体和矿物等不均匀物质的分析。

（五）分子荧光和磷光光谱

分子发射光谱法包括分子光致发光（如分子荧光和分子磷光）分析法与非光致发光（如化学发光和生物发光）分析法。在荧光光度计上，配置磷光附件，或利用时间分辨技术可以进行磷光测定。分子荧光和分子磷光可用于研究物质的电子状态、发光体的分子取向、发光过程动力学等。通过直接测定发光物质含量，能测定的元素达60多种。通过化学反应，将不发荧光或荧光量子产量很低的物质转变为适合于测定的荧光物质，在环境检测、生物医学、临床化学、DNA测序、基因分析、跟踪化学等方面都有广泛的应用。

（六）化学发光分析法

化学发光分析法是分子发光法的一种，大部分有机生色基团的激发能约为 $200\sim400kJ/mol$，相应于 $280\sim580nm$ 的光谱区，正处于大多数氧化还原反应的能量区，故化学发光反应大多为氧化还原反应。例如，卵磷脂等不饱和脂肪酸组成的脂质体，通过不饱和脂肪酸的自氧化，使脂质体膜产生超微弱发光。化学发光分析法的主要特点是：灵敏度高，检出限达到 10^{-11} mol/L 的生物样品；重现性好；线性范围宽；仪器比较简单，操作方便。化学发光现象在分析化学、生物化学、环境科学中有着广泛的应用。

三、X 射线分析

（一）射线荧光分析

X 射线荧光分析法是基于 X 射线的荧光波长与强度进行定性和定量的分析方法。X 射线荧光法的特点是：分析灵敏度高，检出限可达到 $10^{-7} \sim 10^{-9}$ g/g；从原子序数 4 的 Be 到原子序数 92 的 U 都可分析；测定的浓度范围宽，从常量到痕量都可测定，测定精度好，采用基本参数分析法可实现无标分析；分析过程中不破坏试样，便于无损分析；分析速度快；易于实现分析自动化。缺点是仪器设备昂贵。

（二）X 射线衍射分析

X 射线衍射分析主要用于物相分析、结构分析和结构鉴定。它有多种形式，其中粉末衍射仪是目前研究粉末 X 射线衍射最常用的仪器。X 射线衍射分析为我们提供了一种定性鉴定晶体化合物、定量测定混合物中晶体化合物及研究晶体结构的方便而有效的方法，在化学、物理学、生物学、材料学以及矿物学等领域都有广泛的应用。

四、波谱分析

（一）电子顺磁共振波谱

电子顺磁共振是电子自旋共振的一种，专指顺磁物质的电子自旋共振。在外磁场的作用下，具有未成对电子的顺磁物质（如自由基、过渡金属离子、晶体中的缺陷、多重态分子、碱金属的自由电子、半导体的杂质等），有净的电子自旋和相应的磁矩，在磁场中以一定的频率转动，当外界加入射频磁场的频率与未成对电子的转动频率相同时，分析吸收一定能量的微波在未成对电子自旋分裂成的不同能级之间跃迁，形成电子自旋共振吸收波谱。谱线峰面积与未配对电子的浓度成正比。

（二）核磁共振波谱

20 世纪 70 年代后期，脉冲傅里叶变换核磁共振波谱仪问世，使用强而短的脉冲让所观察的不同官能团中所有同位素核都发生核磁共振信号，计算机记录信号强度随时间衰减的过程，得到信号强度对频率关系的谱图。核磁共振波谱给出的结构信息是最严格和准确的。结构中每个官能团和结构单元都有确切对应的峰，每一个吸收峰都能找到确切的归属。核磁共振波谱是有机结构分析最有效的手段，但仪器价格和维持费用高。

五、质谱分析法

质谱仪有多种分类方法。按质量分析器分，可分为扇形场质谱仪、四极杆质谱仪、飞行时间质谱仪、离子回旋共振质谱仪、离子阱质谱仪等。按离子源类别分，可分为火花源质谱仪、电感耦合等离子体质谱仪、二次离子质谱仪等。按分辨率分类，可分为高分辨率质谱仪和低分辨率质谱仪。高分辨率质谱仪分辨率在 10000 以上，如双聚焦质谱仪和傅里叶变换离子回旋共振质谱仪；低分辨率质谱仪分辨率在 1000 以下，如单聚焦质谱仪、四极杆质谱仪、不带反射静电透镜的飞行时间质谱仪。气相色谱—质谱联用发展已相当成熟，通常使用电子离子源，接口是分子分离器，操作条件稳定，得到的谱图可以与标准谱库比较，主要用于相对分子质量小、易挥发的有机化合物分析；液相色谱—质谱联用发展较晚，采用的接口有传送带和热喷雾，主要用于大分子、热不稳定、难汽化和强极性有机化合物的分析。采用离子漂流管为质量的飞行时间质谱仪已成为当今质谱仪发展的主流。

六、X 射线光电子能谱

X 射线光电子能谱（XPS），是一种最常用的表面分析技术，通过测量光电子的动能与光电子的信号强度随能量分布，可以获得 X 射线光电子的能谱图。样品表面发射的光电子能量仅取决于原子的电离轨道，根据结合能可对样品表面化学元素的成分进行定性分析；光电子的信号强度与元素含量成正比，可以进行定性分析。XPS 的绝对灵敏度达到 10^{-18} g；一次可同时完成除氢和氦以外的所有元素的分析，该分析方法为非破坏性的，特别适合对超薄表面如纳米薄膜、表面吸附进行研究。

（一）俄歇电子能谱

俄歇电子可用高能光子、电子、质子等粒子束激发来产生，在表面分析中最常用电子束或光子束激发产生。俄歇电子能谱仪分析特点是：可以定性全分析除氢和氦以外的所有元素；俄歇电子的产生涉及 N^3 个原子能级，产生的化学位移比 XPS 大得多，有利于研究固体表面元素氧化态、聚集态及表面污染。

（二）紫外光电子能谱

紫外光源线宽较窄（≤0.01eV），能分开分子振动能级（0.05eV）甚至转动能级（0.005eV），因此可分析样品的精细结构。可以用来研究固体样品的元素组成及其原子和原子结构、价电子和能带结构，进行表面态分析，确定光电子自旋取向及检测电子的所有自旋量子数。在化学方面可进行定性、定量分析，研究化学键、诱导效应、共轭效应、分子几何形状和构象、互变异构平衡等。

七、色谱分析法

（一）气相色谱分析法

常用的检测器及其应用范围：热导检测器（TCD）；氢火焰检测器（FID）；电子捕获检测器（ECD）；火焰光度检测器（FPD），基于磷和硫在富燃火焰中燃烧产生的分子光谱进行检测，对有机磷、硫化合物的灵敏度比碳氢化合物高 10^4 倍；热离子检测器（TID），又称氮磷检测器（NPD），对含磷、氮等有机化合物的检测灵敏度高，磷和氮的检出限分别为 10^{-14} g/s（马拉硫磷）和 10^{-13} g/s（偶氮苯）。光离子化检测器（PID），多用于芳香族化合物的分析，对 H_2S、PH_2、NH_3、N_2H_4 等物质也有很高的灵敏度。

用于气相色谱检测器的还有以下几种：微库仑检测器（电量检测器），主要用于含硫、氮、卤素等化合物检测；赫尔希池检测器，专门测定氧的选择性检测器；气体密度天平检测器，特别适合腐蚀气体分析，最小检测量为 10^{-8} g，线性范围 10^5；微波诱导等离子体原子发射光谱检测器，能同时选择检测多种元素，具有灵敏度高、选择性高、线性范围宽的优点；辉光放电检测器，是一种用于永久性气体分析的通用型气相色谱检测器，线性范围在 $10^2 \sim 10^4$。

（二）液相色谱分析法

按照分离机理，液相色谱分为吸附色谱、分离色谱、离子交换色谱和凝胶色谱。高效液相色谱（HPLC）分为正相和反相高效液相色谱，所使用的检测器有：紫外—可见光吸收检测器，示差折光检测器，荧光检测器，光二极管阵列检测器，蒸发光散射检测器，电化学检测器（包括电导检测器、安培检测器、库仑检测器、伏安检测器和介电常数检测器）。20世纪90年代后期发展的超临界流体色谱法，既可以分析挥发性成分，又可以分析高沸点和难挥发样品，主要用于超临界流体萃取分离和制备。当前亲和色谱法和手性色谱法在生物、医药和农药领域有重要的应用。

（三）离子色谱分析法

离子色谱仪和一般的离子色谱仪的基本结构相似，泵的工作压力一般不超过15MPa，使用的流动相多是酸、碱、盐和络合剂，分离柱以离子交换剂为填料，检测器通常为电导检测器。

（四）毛细管电泳分析法

与高效液相色谱（HPLC）相比，毛细管电泳分析法（HPCE）分析速度快，一般分析时间小于30min，灵敏度高，紫外检测器的绝对检出限达到$10^{-13} \sim 10^{-15}$mol，激光诱导荧光检测器的绝对检出限达到10^{-10}mol，对无机大分子、生物大分子、带电物质、中性物质都可以进行分析分离，广泛应用于分子生物学、医学、药物学、材料科学、环境科学、食品化学等各个领域。

毛细管电泳仪由高压电源、毛细管及控温装置、缓冲溶液储瓶、检测器组成，要求直流高压电源的电压在0~30kV范围内连续可调，具有恒压、恒流和恒功率输出功能。毛细管多用内径20~75μm、外径350~400μm的石英熔融毛细管，化学惰性好，对紫外光具有良好透射功能，强度较高。主要应用的检测器有：紫外检测器，荧光检测器，质谱检测器，电化学检测器，激光类检测器，化学发光检测器，折射检测器，同位素检测器。毛细管电泳的分离模式有：毛细管区带电泳（CZE）、毛细管胶束电动色谱（MEKC）、毛细管等速电泳（ITP）、毛细管凝胶电泳（GCE）、毛细管等电聚焦电泳（CIEF）和毛细管电色谱（CEC）。毛细管电泳可与其他分析技术联用，如毛细管电泳—电喷雾质谱联用。毛细管电泳与免疫分析联用形成毛细管电泳—免疫分析法，它是基于抗原抗体复合物与游离的抗原、抗体电泳行为的差异，这种方法既具有免疫分析的高选择性，又具有毛细管电泳的高分离效率和高检测灵敏度。

八、电化学分析法

（一）电位分析法

电位分析法可以测定其他方法难以测定的许多种离子，如碱金属离子和碱土金属离子、无机阴离子和有机离子等。该方法也是测定平衡常数的重要手段，可用于有色溶液、浑浊溶液或缺乏合适指示剂的沉淀反应的滴定体系，在非水介质中也可以用于离解常数小于5×10^{-9}的弱酸或弱碱的滴定。由于该法不需要测量准确的电极电位，因此溶液温度、液接电位不影响滴定结果。

（二）伏安分析法

伏安分析法是以被分析溶液中极化电极的电流—电压行为为基础的一类电化学分析方法，分为导数伏安法、交流伏安法、方波伏安法、脉冲伏安法等。导数伏安法分辨率高，有效地消除前还原物质波的影响，检出限达10^{-7}mol/L。交流伏安法分辨率达到40mV，消除了氧的不可逆伏安波，采用相敏检测器消除电容电流，使检出限达到 10^{-7} mol/L。方波伏安法是将一个 225～250Hz 的低频小振幅的方波电压连续叠加在电解池电极的外加直流线性扫描电压上，分辨率达 25mV，检出限可达 10^{-8}～10^{-9} mol/L，还原物质比分析物浓度大 $5×10^4$ 倍时仍能有效地测定痕量分析物质。脉冲伏安法分辨率达到 25mV，检出限达到 10^{-11} mol/L。此外，还有催化波极谱法、循环伏安法、卷积伏安法、相敏交流伏安法、阳极溶出伏安法。

（三）电重量分析法和库仑分析法

该分析法可用于提纯分析试剂、分离干扰杂质，特别适合于提纯试样基体，测定锌、镉、钴、镍、锡、铅、铜、铋、锑、汞和银等微量金属，常用的仪器就是控制电位电解仪。库仑分析法是一种高灵敏度和高准确度的分析方法，检出限可以达到 10^{-10}～10^{-12} mol/L，误差只有 0.1%～0.3%，精密度可达 0.01%～0.005%、甚至 0.001%。

（四）电化学分析法与其他技术联用

光谱电化学法是在一个电解池内同时进行光谱和电化学测量。红外光谱电化学法已广泛应用于各种电化学界面过程以及机理的研究。与激光拉曼光谱技术联用的拉曼光谱电化学法已应用于铅、银、铜、镍、钴等金属阳极腐蚀膜的现场检测以及电极过程的动力学和电极/溶液界面性质的研究。共振拉曼光谱电化学法用于检测电化学反应产物，研究光合成反应、有机金属化合物及半导体电极。压电光谱电化学法将光谱电化学法和压电石英晶体传感检测有机结合起来，可同时获取来自光谱、压电及现代电化学的多维、动态或实时信息。

九、热分析法

（一）热重分析法

热重分析法是研究物质质量的变化与温度关系的一种方法。导数热重分析法（DTG），是在温度控制程序下研究失重速率和温度的关系的一种方法。由热重曲线的台阶可以求出样品的质量损失量，对样品进行定量分析。该法的优点是：不需对样品处理；不用试剂，不存在样品污染；操作和数据处理简便；DTG 曲线的峰面积与样品的损失量成正比，由峰面积可求出样品损失量。

（二）差热分析法

差热分析法是在温度程序控制下研究分析物和参比物的温度差与温度的关系的一种方法。用导数技术得到导数差热曲线（DDTA 曲线）。该曲线可以得到精确的相变温度和反应温度，可把分辨率低和重叠的峰清晰地分辨开，由所测得的热量可定量地计算试样的转变热、熔融热和反应热等。

（三）差示扫描量热分析法

差示扫描量热分析法是在温度程序控制下研究输入到分析物和参比物的功率差与温度关系的一种方法，用差示扫描量热仪记录的曲线是热流量随时间变化的曲线，其峰面积与热焓成正比。热重分析—差示扫描量热分析—质谱（TG—DSC—MS）等联用技术对剖析物质组成、结构以及研究热分解机理都是非常有用的。

十、电子显微镜分析法

(一) 透射电子显微镜分析法

透射电子显微镜是一种以波长极短的电子束作为照明源,用电磁透镜聚焦透射电子成像的具有高分辨力、高放大倍数的电子光学仪器。透射电子显微镜是各种显微镜中性能最高的,具有100万倍以上的放大能力,可以观察物质的表面形貌和颗粒的大小,进行显微结构分析,研究表面的原子排列,进行微区分析,是半导体、金属、陶瓷、纳米材料研究的最有力工具之一。

(二) 扫描电子显微镜分析法

扫描电子显微镜分析法是用聚焦电子束轰击样品,以获取次级电子、背散射电子、透射电子、样品电流、束感生电流、特征X射线、饿歇电子及不同能量子的信号,采用其成像电子信号,特别是次级电子信号来获取物质表面形态的信息。

(三) 电子探针显微分析法

电子探针显微分析法又称为电子探针X射线显微分析法,是利用聚焦的高能电子束来轰击固体表面,使被轰击区的元素激发出特征X射线,根据其波长(或能量)及强度的确定进行定性或定量分析的一种仪器分析方法。该法分析的优点是:分析元素范围广,可以分析元素周期表中原子序数从3到92之间的所有元素,绝对灵敏度达到10^{-15}g;产生的X射线简单,易于释谱;分析结果不受元素存在化学形态的影响,准确度高;样品用量少且不破坏样品,特别适合于珍贵样品。

十一、核分析方法

(一) 活化分析法

活化分析法又称放射化分析法,是基于将样品中稳定核转换为放射性核素,通过测量放射性衰变时放出的缓发辐射或直接测量核反应放出的瞬发辐射来确定元素及其含量的一种核分析方法,是一种绝对的分析方法。活化分析法分为中子活化分析法核、光子活化分析法和带电粒子活化分析法。其中以中子活化分析法应用最广。活化分析法特点是:灵敏度高,对大多数元素的绝对灵敏度为$10^{-6} \sim 10^{-14}$g;特征性强;精密度和准确性好;能进行多元素同时测定,在一份试样中可同时测定30~40种元素,最高达到56种元素;基体效应小。该法不足之处是分析周期长,分析设备复杂,价格昂贵。

(二) 同位素稀释法

同位素稀释法是一种用放射性或稳定同位素作指示剂进行化学分析的方法,分为直接同位素稀释法、反同位素稀释法、双同位素稀释法等。该法的灵敏度高,有些绝对灵敏度可达到10^{-10}g,避免了定量分离的困难,方法快速简便。该法的主要限制是有些元素没有合适的放射性同位素指示剂。该法已经广泛应用于化学研究、标记化合物放化纯度分析、有机分析和生物化学等领域。

十二、流动注射分析法

流动注射分析法是基于将一定体积的试液注射到一个连续流动的载流中形成一个带,并被载到检测器中连续地记录分析信号的一种分析方法。流动注射作为高效进样和在线富集装置可以与多种仪器(如原子发射光谱仪、原子吸收光谱仪、原子荧光光谱仪、分广光度计等)联用。流动注射技术引进原子吸收光谱法后,可节省试样和试剂90%以上(与不引进原子吸收光谱法相比),采样频率可高达150次/h,减少了基体效应,扩展了应用范围,避免了环境污染。

第四节 分析测试中的质量保证

实验室应用的许多质量控制和质量保证技术,如控制图、仪器校准等,在形式上与生产过程中使用的相似。进入实验室的试样不是均匀的,得到的"产品"也不是实体,而是有关试样的信息,即分析测试数据的报告。如果数据具有一致性,而且它们的不确定度小于准确度要求时,就认为这些数据有合格的质量。反之,数据过分离散或不确定度满足不了准确度要求时,就认为这些数据是低质量的或不合格的。确认测量数据达到预定目标的步骤称为质量保证,它包括两个方面:

(1) 质量控制——为产生达到质量要求的测量所遵循的步骤。
(2) 质量评定——用于检验质量控制系统处于允许限内的工作和评价数据质量的步骤。

一、分析测试中质量控制

质量控制技术包括从试样的采集、预处理到数据处理的全过程的控制操作和步骤。

质量控制的基本要素有:人员的技术能力,合适的仪器设备,好的实验室和好的测量操作,合适的测量方法、标准的操作规程,合格的试剂及原材料,正确的采样及样品处理,合乎要求的原始记录和数据处理,必要的检查程序,等等。

(一)人员的技术能力

实验人员的能力和经验是保证分析测试质量的首要条件。化验室应按合理比例配备高、中和初级技术人员,各自承担相应的分析测试任务。化验室工作人员必须有一定的化学知识并经过专门培训。化验室应不断地对各类人员进行业务技术培训,并且建立每一个员工的技术业务档案。

(二)实验室的仪器设备

化验室的仪器设备必须适应化验室的任务要求,应根据化验室任务的需要,选择合适的仪器设备。要保证数据的质量,必须正确地使用和保养好这些仪器设备。

1. 常用仪器设备的校准

在化学测量的仪器分析中,大部分是相对测量技术,必须以标准物质(标准滴定溶液)对仪器设备的响应值进行校正。校正的标准,可以用国家质量管理部门监制的标准物质,也可用制造厂家标定的设备和厂家标明的一定纯度的化学试剂。是否使用标准物质依赖于使用仪器设备的分析方法所需的准确度,分析方法的校正常通过制作标准滴定溶液的工作曲线来实现。

分析天平常用50g或100g高质量的砝码(或标准砝码)来校正。电子分析天平内常装有已知质量的标准砝码,用于天平的校正。天平校正的时间间隔长短依赖于天平的使用次数,如果使用较多,须每天或每周校准一次。

容量玻璃器皿若使用著名厂家生产的标有"A"字样的玻璃量器,除非要求方法准确度高于 0.2%，一般不用校正。

烘箱应使用校正过的温度计（可以根据生产厂家提供的证明），烘箱的温度每天要检查。

马弗炉的温度通常不须校正，若要校正可采用光学高温计。

紫外—可见分光光度计可用钕玻璃滤光器进行波长校正，也可用 0.0400g/L K_2CrO_4 的 0.05mol/L KOH 溶液进行波长校正。$KMnO_4$ 溶液可用于检查可见区 526nm 和 546nm 吸收峰的分辨能力。吸光度的校正采用工作曲线法。

酸度计用标准 pH 缓冲溶液进行校准。pH 计每次使用均应校准。

原子吸收光谱仪每次使用均需使用被测元素的空心阴极灯进行波长的校正，用标准滴定溶液进行浓度校正或做工作曲线。

电导率仪电导值可用一定浓度的 KCl 或 NaCl 标准滴定溶液校准。

2. 仪器设备的管理

安放仪器设备的实验室应符合该仪器设备的要求，仪器应在单独房间安放，不能与化学操作室混用。

使用仪器之前应经专人指导培训或认真仔细阅读仪器设备的说明书，清楚仪器的原理、结构、性能、操作规程及注意事项等方能进行操作。操作时应非常小心地按操作规程进行。未经准许的人，未经专门培训的人，应严禁使用或操作仪器。

仪器设备应建立专人管理的责任制。仪器名称、规格、型号、数量、单价、出厂和购置年月以及主要的零配件都要准确登记。

每台大型精密仪器都须建立技术档案，内容包括：（1）仪器的装箱单、零配件清单、合同复印件、说明书等；（2）仪器的安装、调试、性能鉴定、验收等记录；（3）使用规程、保养维修规程；（4）使用登记本、事故与检修记录。

大型精密仪器的管理使用、维修等应由专人负责。

（三）实验室应具备的条件

1. 组织管理与质量管理的 8 项制度

（1）技术资料档案管理制度。要经常注意收集本行业和有关专业的技术性书刊和技术资料，以及有关字典、辞典、手册、标准等必备的工具书，这些资料在专柜保存，由专人管理，负责购置、登记、编号、保管、出借、收回等工作。

（2）技术责任制和岗位责任制。

（3）检验试验工作质量的检验制度。

（4）样品管理制度。

（5）设备、仪器的使用、管理、维修制度。

（6）试剂、药品以及易耗品的使用管理制度。

（7）试验事故的分析和报告制度。

（8）安全、保密、卫生、保健等制度。

2. 对仪器设备的要求

（1）应具备与其业务范围相适应的试验仪器设备。

（2）仪器设备的性能和运用性应定期进行检查、维护和维修，定期进行校准。

（3）仪器设备发生故障时，应及时进行检修，并写出检修记录存档。

（4）仪器设备应有专人管理，保持完好状态，便于随时使用。

3. 需文字记载的项目

测试的方法、步骤、程序、注意事项、注释以及修改的内容等要有文字记载，装订成册，可供使用与引用。

4. 对原始记录的要求

原始记录是对检测全过程的现象、条件、数据和事实的记载。原始记录要做到记录齐全、反映真实、表达准确、整齐清洁。记录要用记录本或按规定印制的原始记录单，不得用白纸或其他记录纸替代；原始记录不准用铅笔或圆珠笔书写，也不准先用铅笔书写后再用墨水笔描写；原始记录不可重新抄写，以保证记录的原始性；原始记录不能随意更改，必须更改的数据，只能划改。正确的数据写在划改数据的上方，不得涂改、刮改。检验人员要签名并注明日期，负责人要定期检查原始记录并签上姓名与日期。

二、分析测试的质量评定

质量评定是对测量过程进行监督的方法，通常分为实验室内部和实验室外部两种质量评定方法。

（一）实验室内部质量评定

实验室内部的质量评定可采用下列方法：

（1）用重复测定试样的方法来评价测试方法的精密度。

（2）用测量标准物质或内部参考标准中组分的方法来评价测试方法的系统误差。

（3）利用标准物质，采用交换操作者、交换仪器设备的方法来评价测试方法的系统误差，可以评价这类系统误差是来自操作者还是来自仪器设备。

（4）利用标准测量方法或权威测量方法和现用的测量方法测得的结果相比较，可用来评价方法的系统误差。

（二）实验室外部质量评定

测试分析质量的外部评定可以避免实验室内部的主观因素，评价测量系统的系统误差的大小，它是实验室水平的鉴定、认可的重要手段。测试分析质量的外部评定可采用实验室之间共同分析一个试样、实验室间交换试样以及分析从其他实验室得到的标准物质或质量控制样品等方法。

标准物质为比较测量系统和比较各实验室在不同条件下取得的数据提供了可比性的依据。

由主管部门或中心实验室每年一次或二次把考核样品（常是标准物质）发放到各实验室，用指定的方式对考核样品进行分析测试，可依据标准物质的给定值及其误差范围来判断和验证各实验室分析测试的能力与水平。

用标准物质或质量控制样品作为考核样品，对包括人员、仪器、方法等在内的整个测量系统进行质量评定，最常用的方法是采用盲样分析。盲样分析有单盲和双盲两种。所谓单盲分析是指考核这件事是通知被考核的实验室或操作人员的，但考核样品真实组分含量是保密的。所谓双盲分析是指被考核的实验室或操作人员根本不知道考核这件事，当然更不知道考核样品组分的真实含量。双盲考核要求要比单盲分析考核高。

如果没有合适的标准物质作为考核样品时，可由主管部门或中心实验室配制质量控制样品，发各实验室。由于质量控制样品的稳定性（均匀性）都没有经过严格的鉴定，又没有准确的鉴定值，在评价各实验室数据时，主管部门或中心实验室可以利用自己的质量控制图。其控制图中的控制限一般要大于内部控制图的控制限。因为各实验室使用了不同的仪器、试剂、器皿等，实验室之间的差异总是大于一个实验室范围内的差异。如果从各实验室能得到足够多的数据时，也可以根据置信区间来评价各实验室的分析测试质量水平，也可以建立起各实验室之间控制图来进行评价。

三、分析测试的质量控制图

质量控制图建立在实验数据分布接近于正态分布（高斯分布）的基础上，把分析数据用图表形式表现出来，纵坐标为测定值，横坐标为测定值的次序（次数）。

质量控制图有三个作用：

（1）控制图是测量系统性能的系统图表记录，可用来证实测量系统是否处于统计控制状态之中；

（2）控制图是对测量系统中存在的问题找出原因的有效方法；

（3）控制图可累积大量的数据，从而得到比较可靠的置信限。

质量控制图有 x（测量值）质量控制图、$\bar{x}$（平均值）质量控制图和 R（极差）质量控制图等几种形式。质量控制图上不仅可以看出测量系统是否处于控制状态之中，还可以找出质量变化的趋势。$\bar{x}$ 平均值质量控制图与 x 质量控制图比较有两个优点：

（1）$\bar{x}$ 质量控制图对非正态分布是很有用的，非正态分布的平均值基本上是遵循正态分析的；

（2）$\bar{x}$ 平均值是多个测量值的平均值，不受单个测量值的影响，即使有偏离较大的单个测量值存在，影响也不大。

$\bar{x}$ 质量控制图比 x 质量控制图更为稳定，但 $\bar{x}$ 质量控制图有增加测定次数、增加成本的缺点。

（一）质量控制图绘图

纵坐标为测定值，横坐标为测定值的次序。中线可以是以前测定值的平均值，也可以是标准物质的给定值。

警戒限（线）：警戒上限（线）为 $\bar{x}+2S$（或 2σ），警戒下限（线）为 $\bar{x}-2S$（或 2σ）。

控制限（线）：控制上限（线）为 $\bar{x}+3S$（或 3σ），控制下限（线）为 $\bar{x}-3S$（或 3σ）。

其中，标准偏差 $(S) = \sqrt{\dfrac{\sum(x-\bar{x})^2}{n-1}}$，总体标准偏差 $(\sigma) = \sqrt{\dfrac{\sum(x-\bar{x})^2}{n-1}}$。

测定值的平均值 $\bar{x}$ 与标准物质的给定值 u 之间不完全相同，但二者之间的差异不能太大。如果标准物质的给定值落在平均值与警戒限之间一半高度以外，即 $|\bar{x}-u|>1S$ 时，说明测量系统存在明显的系统误差，此时的控制图不予成立。应该重新检查方法、试剂、器皿、操作、校准等各个方面，找出误差原因之后，采取纠正措施，使平均值尽可能地接近标准物质的给出值。

为了画一张质量控制图，首先必须要有稳定、均匀、具有与分析试样相似基体的标准物质。其次，必须用同一方法在同一标准物质（或质量控制样品）上至少测定 20 个结果，这 20 个结果应是多次测定累积起来的。一般推荐方法是，每分析一批样品插入一个标准物质，或者分析大批量的样品时每隔 10~20 个样品插入一个标准物质，待标准物质的分析数据积累到 20 个时，求出这 20 个测量值的平均值 j 和标准偏差 S。质量控制图上纵坐标为各次测量值，水平实线对应于平均值 $\bar{x}$，水平虚线对应于标准物质的给定值，横坐标为测定标准物质的次序。

1 代表第 1 个标准物质的测量值，2 代表第 2 个……。接着，画以 $\bar{x} \pm 2S$ 为警戒限的水平虚线，和画以 $\bar{x} \pm 3S$ 为控制限的水平实线，即得质量控制图。

[例] 用某标准方法分析化验含铜量为 0.250mg/L 的水质标准物质，得到下列 20 个分析结果：0.251mg/L、0.250mg/L、0.250mg/L、0.263mg/L、0.235mg/L、0.240mg/L、0.260mg/L、0.290mg/L、0.262mg/L、0.234mg/L、0.229mg/L、0.250mg/L、0.283mg/L、0.300mg/L、0.262mg/L、0.270mg/L、0.225mg/L、0.250mg/L、0.256mg/L、0.250mg/L。

根据上述数据求得：平均值 $\bar{x}=0.256$mg/L，标准偏差 $S=0.020$mg/L，标准物质给定值 $u=0.250$mg/L，控制限 $\bar{x} \pm 3S = (0.256 \pm 0.060)$ mg/L，警戒限 $\bar{x} \pm 2S = (0.256 \pm 0.040)$ mg/L。

按前文所述方法画出的质量控制图如图 8-1 所示。

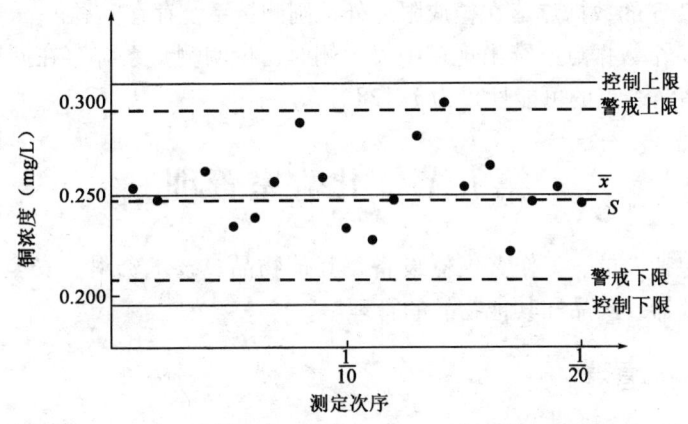

图 8-1 水中含铜分析数据的质量控制图

质量控制图在使用过程中，随着标准物质（或质量控制样品）测定次数的增加，在适当的时间（通常再次累积到先前建立控制图的测定次数差不多时），将以前用过的和随后陆续累积的测定数据重新合并计算，确定控制限，画出新的控制图。以此类推地进行下去。随着测定次数的增加，平均值的变化可能偏大，而标准偏差 S 逐渐地向 σ 靠拢，警戒限和控制限将逐步地变得较窄。这样确定的控制限，不仅包括过去的测定值，而且还包括目前的测定值，能较真实地反映测量系统的特性，与确定测量系数的置信限。

（二）质量控制图的使用

在画出质量控制图之后，日常分析中把标准物质（或质量控制样品）与试样在同样条件下进行测量。

如果标准物质（或质量控制样品）的测定结果落在警戒限之内，说明测量系统正常，试样测定结果有效。

如果标准物质（或质量控制样品）的测定结果落在控制限之内，但又超出警戒限，这种情况是可能发生的。因为 20 次测定中允许有 1 次超出警戒限。此时，试样测定结果仍应认可。假如超出警戒限的频率远低于或高于 5%，说明警戒限的计算有问题，或者测量系统本身的精密度得到了提高或恶化。

如果标准物质（或质量控制样品）的测定结果落在控制限之外，说明该测量系统已脱离控制了，已不再处于统计控制状态之中。此时的测试结果无效。应该立即查找原因，采取措施，加以纠正，再重新进行标准物质（或质量控制样品）的测定，直到测试结果落在质量控制限之内，才能重新进行未知样品的测定。如果脱离控制后，未能找到产生误差的原因，用标准物质（或质量控制样品）再测定校正一次。结果正常了，那么可认为上次测定结果超出控制限是由于偶然因素或可能是某种操作错误引起的。

有关质量控制图的一个重要实际问题是分析标准物质的次数问题。根据经验表明：假如每批试样少于 10 个，则每一批试样应加入分析一个标准物质；假如每批试样多于 10 个，每分析 10 个试样至少应分析一个标准物质。

控制图在连续使用过程中，除了单点判断测量系统是否处于统计控制状态，还要在总体点的分布和连续点的分布上，对测量系统是否处于统计控制状态作出判断：

（1）数据点应均匀分布于中线的两侧，如果在中线的某一侧上出现的数据点明显多于另一侧的数据点时，则说明测量系统存在问题。

（2）如果有 2/3 的数据点落在警戒限之外，则测量系统存在问题。

（3）如果有 7 个数据点连续出现在中线一侧时，说明测量系统存在问题。根据概率论，连续出现在一侧有 7 个点的可能性仅为 1/128。

第五节 化验室管理

化验室管理包括人员、工作、仪器设备、其他物品、技术资料、安全和"三废"的管理。以下仅涉及仪器、药品和其他物品的管理。

一、检验工作的管理

为保证质量监督检验工作顺利进行，出具准确可靠的数据，除按质量监督保证体系的规定管理外，化验室具体技术工作还必须进行科学管理，作出有关规定。下面主要阐述保证出具数据的准确度和质量监督方面的规定。

（一）化验室资料管理

化验室资料齐全，包括以下内容：

（1）负责检验样品的标准文本、有关的基础标准、方法标准齐全。

（2）所用仪器的使用说明书齐全、所有仪器的操作规程齐全。

（3）各种规章制度齐全，本岗位的工作职责、各类人员工作标准及程序文件齐全。

（4）所承担的分析样品的名称、频率控制项目应列成表格。

（5）所用的分析原始记录、质量报告单齐全，格式、内容符合要求。

（二）原始记录管理

原始记录是通过一定的表格形式对质量检验各程序最初数据和文字的记载。它是计量测试数据准确、可靠、公正的主要依据。原始记录管理有如下要求：

（1）检验原始记录要有一定的格式，内容齐全。内容一般包括编号、品名、来源、批号、代表量、采样日期、检验日期、标准号、检测项目、实测数据、计算公式、检验结论、三级审查签字。

（2）原始记录必须直接真实地填写，不得转抄，不得用铅笔、圆珠笔书写。字迹要端正、清晰，数字要处理准确。

（3）对于容易丢失的单篇记录，例如记录图、自动数据记录器记录结果等，必须保存在正式的参考文件或工作手册中，也可以按日装订好。

（4）测试数据如用微机处理，测试结果应进行"硬性复制"。

（5）检验记录必须有量程的记载，以便能够确定可能的误差源，而且必要时能够在原来条件下进行重复测定。

（6）质量检验机构所属单位的其他人员，如确因工作需要，查阅原始记录时，应征求领导同意履行批准手续，方可查阅。

（7）原始记录不得涂改，但可划改，记录人应在更改处划一横线并签字或盖章。

（8）原始记录应建立档案，由资料室按规定时间保存，一般规定时间不少于两年。

（三）检验报告管理规定

检验报告是检验机构计量测试工作的最终结果，其检验质量直接体现了质量检验机构工作质量的好坏。

1. 检验报告的填写要求

（1）检验报告必须具有一定的格式，其内容包括：产品名称、生产日期、取样日期、分析日期、代表量、检验项目、控制指标、实测数据、检验结论、标准代号、三级审查签字。

（2）检验报告的填写，所有项目应填写齐全、不空项，应无差错，不得涂改。

（3）报出的数值一般应保持与标准指标数值的有效位数一致。

（4）对于杂质的测定，如果在规定的仪器精度和试验方法的情况下没有测出数据，只能以"未检出"的字样报出结果，绝不能报"0"或"无"，也可以报"小于指标"。

（5）如果检测出杂质的含量远离指标界限时（指小于），报出结果可保留一位有效数字。

2. 检验数值报出的注意事项

（1）平行测定的结果超过标准规定的误差，此平均值不能报出。

（2）平行测定的结果如果其中一个测定值与极限值比较为合格，而另一个为不合格时，此测定结果的平均值不能报出。在这种情况下应增加测定次数，多次测定的结果按有关数据处理规定进行。

（3）数字进行修约时要注意，国家标准局有规定：凡产品检测在界限数字时，不允许采用修约法；对超出标准中规定允许偏差的数值，也不允许修约。

（4）检验报告必须实行审查制度。

（5）检验报告是重要的技术文件，应作为化验室技术档案的一部分，由资料室按年、月装订好，保存期为三年。

3. 检验报告的发送范围

（1）属上级下达的检验任务，检验报告发送范围为：任务下达部门、生产单位、上级主管单位，留档一份。

（2）委托检测项目仅向委托单位发送一份，留档一份。

二、化学药品的管理

化验室所需的化学药品及试剂溶液品种很多，化学药品大多具有一定的毒性及危险性。化验室只宜存放少量短期内需用的药品，化学药品存放时要分类，无机物可按酸、碱、盐分类，盐类中可按元素周期表中金属元素的顺序排列，如钾盐、钠盐等，有机物可按官能团分类，如烃、醇、酚、醛、酮、酸等。另外，也可按应用分类，如基准物、指示剂、色谱固定液等。

（一）属于危险品的化学药品

（1）易爆和不稳定物质，如浓过氧化氢、有机过氧化物等。

（2）氧化性物质，如氧化性酸，过氧化氢也属于此类。

（3）可燃性物质，除易燃的气体、液体、固体外，还包括在潮气中会产生可燃物的物质，如碱金属的氢化物、碳化钙及接触空气自燃的物质，如白磷等。

（4）有毒物质。

（5）腐蚀性物质，如酸、碱等。

（6）放射性物质。

（二）化验室试剂的存放要求

（1）易燃易爆试剂应存放于铁柜（壁厚1mm以上）中，柜的顶部有通风口。严禁在化验室存放大于20L的瓶装易燃液体，易燃易爆药品不要放在冰箱内（防爆冰箱除外）。

（2）相互混合或接触后可以产生激烈反应、燃烧、爆炸、放出有毒气体的两种或两种以上的化合物称为不相容化合物，不能混放。这种化合物多为强氧化性物质与还原性物质。

（3）腐蚀性试剂宜放在塑料或搪瓷的盘或桶中，以防因瓶子破裂造成事故。

（4）要注意化学药品的存放期限，一些试剂在存放过程中会逐渐变质，甚至形成危害物。

（5）药品柜和试剂溶液均应避免阳光直晒及靠近暖气等热源。要求避光的试剂应装于棕色瓶中或用黑纸或黑布包好存于暗柜中。

（6）发现试剂瓶上标签掉落或将要模糊时应立即贴好标签。无标签或标签无法辨认的试剂都要当成危险品重新鉴别后小心处理，不可随便乱扔。

（7）剧毒品应锁在专门的毒品柜中，建立相应的管理制度，实行"五双"管理，即双人收发、双人记账、双人双锁、双人运输、双人使用。

（三）其他实验物品的管理

把除精密仪器外的其他实验物品分为三类：低值品、易耗品和材料。材料一般是指消耗品，如金属、非金属原材料、试剂等；易耗品是指玻璃仪器、元器件等；低值品则指价格不够定资产标准又不属于材料范围的用品，要建立必要的账目，分门别类存放。

三、化验室有害物质的处理

实验室需要排放的废水、废气、废渣称为实验室"三废"。由于各类化验室工作内容不同，产生的三废中所含的化学物质及其毒性不同，数量差别也大。为了保证化验人员的健康，防止环境的污染，化验室三废的排放应遵守我国环境保护的有关规定。

（一）化验室的废气

可能产生有害废气的操作都应在有通风装置的条件下进行，排出的废气量较少时，一般可由通风装置直接排至室外，但排气口必须高于附近屋顶3m。原子光谱分析仪的原子化器部分都产生金属的原子蒸气，必须有专用的通风罩把原子蒸气抽出室外。气相色谱仪的样品废气含有大量有毒有害的物质，必须用吸收液吸收。

（二）化验室的废水

化验室进行化验操作产生一定的废水。废水的排放须遵守我国环境保护的有关规定。

按 GB 8978—1996《污水综合排放标准》的要求，对人体健康长远不良影响的污染物，称为第一类污染物。含有此类有害污染物的废水，不分行业和废水排放方式，也不分受纳水体功能类别，一律在产生装置或其处理设施排出口取样检验。表 8-3 为第一类污染物最高容许排放浓度。

表 8-3　第一类污染物最高容许排放浓度

污染物	最高容许排放浓度 mg/L	污染物	最高容许排放浓度 mg/L	污染物	最高容许排放浓度 mg/L
总汞	0.05	总铬	1.5	总铅	1.0
烷基汞	不得检出	六价铬	0.5	总镍	1.0
总镉	0.1	总砷	0.5	苯并（α）芘	0.00003

对人体健康产生长远影响小于第一类的污染物质称第二类污染物。在排污单位排出口取样检验。表 8-4 为第二类污染物最高容许排放浓度。

表 8-4　第二类污染物最高容许排放浓度　　　　　　　　　　　　　　mg/L

污染物	一级标准		二级标准		三级标准
	新、扩、改建	现有	新、扩、改建	现有	
pH 值	6~9	6~9	6~9	6~9	6~9
色度（稀释倍数）	50	50	80	100	—
悬浮物	70	70	200	250	400
生化需氧量（BOD）	30	30	60	80	300
化学需氧量（COD）	100	100	150	200	500
石油类	10	15	10	20	30
动植物油	20	30	20	40	100
挥发酚	0.5	1.0	0.5	1.0	2.0
氰化物	0.5	0.5	0.5	0.5	1.0
硫化物	1.0	1.0	1.0	2.0	2.0
氨氮	15	25	25	40	—
氟化物	10	15	10	15	20
（低氟地区）	—	—	(20)	(30)	
磷酸盐（以 P 计）	0.5	1.0	1.0	2.0	
甲醛	1.0	2.0	2.0	3.0	
苯胺类	1.0	2.0	2.0	3.0	5.0
硝基苯类	2.0	3.0	3.0	5.0	5.0
阴离子合成洗涤剂（LAS）	5.0	10	10	15	20
铜	0.5	0.5	1.0	1.0	2.0
锌	2.0	2.0	4.0	5.0	5.0
锰	2.0	5.0	2.0	5.0	5.0

化验室的废液不能直接排入下水道,应根据污物性质分别收集处理。下面介绍几种处理方法:

(1) 无机酸类:废无机酸先收集于陶瓷缸或塑料桶中,然后以过量的碳酸钠或氢氧化钙的水溶液中和,或用废碱中和,中和后用大量水冲稀排放。

(2) 氢氧化钠、氨水:用稀废酸中和后,用大量水冲稀排放。

(3) 含汞、砷、锑、铋等离子的废液:控制溶液酸度为 0.3mol/L 的 H^+,再以硫化物形式沉淀,以废渣的形式处理。

(4) 含氰废液:含氰废液应先加入氢氧化钠使 pH 值为 10 以上,再加入过量的 3% $KMnO_4$ 溶液,使 CN^- 被氧化分解。若 CN^- 含量过高,可以加入过量的次氯酸钙和氢氧化钠溶液进行破坏。另外,氰化物在碱性介质中与亚铁盐作用可生成亚铁氰酸盐而被破坏。

(5) 含氟废液:加入石灰使生成氟化钙沉淀,以废渣的形式处理。

(6) 有机溶剂:若废液量较多,有回收价值的溶剂应蒸馏回收使用。无回收价值的小量废液可以用水稀释排放。若废液量大,可用焚烧法进行处理。不易燃烧的有机溶剂,可用废的易燃溶剂稀释后再焚烧。

(三) 化验室的废渣

化验室产生的有害固体废渣通常其量是不多的,但也不能将为数不多的废渣直接倾倒处理。应按"固体废物与化学品环境污染控制"的要求作处理。

第六节 化验室安全

一、防止腐蚀、化学灼烧、烫伤、割伤

(1) 腐蚀类刺激性药品,取用时尽可能戴上橡皮手套和防护眼镜等。例如,药品瓶较大,搬运时必须一手托住底部,一手拿住瓶颈;腐蚀性物品不得在烘箱内烘烤;用移液管吸取有腐蚀性、刺激性液体时,必须用橡皮球操作。

(2) 开启大瓶液体药品时,须用锯子将石膏锯开,禁止用他物敲打,以免瓶子破裂。要用手推车或担架以搬运装酸或其他腐蚀性液体的坛子、大瓶,严禁把坛子背、扛搬运。要用特备的虹吸管移出有危险性的液体,并佩戴防护眼镜、橡皮手套和围裙操作。

(3) 稀释硫酸时必须在烧杯等耐热容器内进行,而且必须在玻璃棒不断搅拌下,仔细缓慢地将浓硫酸加入水中,而绝对不能将水加注到硫酸中去。在溶解氢氧化钠、氢氧化钾等发热物时,也必须在耐热容器内进行。如需将浓酸或浓碱中和,则必须先行稀释。

(4) 在压碎或研磨苛性碱和其他危险物质时,要注意防范小碎块或其他危险物质碎片溅散,以免严重烧伤眼睛、面孔或身体的其他各部位。

(5) 用浓硫酸做加热浴的操作(如测定熔点),眼睛要离开一定距离,火焰不能超过石棉网的石棉芯,搅拌时动作要小,务必均匀。某些在浓硫酸介质中进行的检定反应(如用靛蓝检定硝酸根)及加入浓硫酸混匀时应该用玻璃棒搅拌,切忌以振摇代替搅拌,以免突然发热溅出伤人。

(6) 取下正在沸腾的水或溶液时,须先用烧杯夹夹住,摇动后取下,以防突然剧烈沸腾溅出溶液伤人。

（7）切割玻璃管（棒）及给瓶塞打孔时，易造成伤害。要记住使用玻璃和打孔器的安全操作的基本规程。往玻璃管上套橡皮管或将玻璃管插进橡皮塞孔内时，必须正确选择合适的匹配直径，不要使用薄壁的玻璃管，且须将管端烧圆滑后才插入。最好用水或甘油浸湿橡皮管的内部，并用布裹手，以防玻璃管破碎时扎伤手部。把玻璃管插入塞孔内时，必须握住塞子的侧面，不要把它撑在手掌上。

（8）装配或拆卸仪器时，要防备玻璃管和其他部分的损坏，以避免受到严重的伤害。特别是在拆卸仪器时这种危险更大，因为在这种情况下，仪器的各个玻璃组成部分常带有毛刺或脏物，工作中应经常采取防止损坏的措施，例如，用金属的（或厚玻璃的）保护管连接在要加固的玻璃零件上，或者在连接的零件之间放置有弹性的衬垫等。

（9）分析室应置备足够数量的安全用具，如沙箱、灭火器、救火毯子、冲洗龙头、洗眼器、护目镜、屏障、防护衣和防毒面具，每个工作人员都应知道其放置位置和安全使用方法。每个工作人员还应该知道实验室内煤气阀、水阀和电闸的位置，以便必要时可随时关闭。

（10）工作人员必须熟悉和遵守化学危险品安全使用规程以及煤气、电气设备安全守则。

（11）分析室内禁止吸烟、进食，也不能用烧杯等仪器当茶杯使用。禁止赤膊、穿拖鞋进入分析实验室。

（12）一切固体不溶物、浓酸和浓碱废液，严禁倒入水槽，以防堵塞和侵蚀水道。残余毒物更应采取妥善处理，切勿任意丢弃或倒在水槽中。

（13）分析室工作结束后，应当进行安全检查，离开时要关闭一切电源、热源、水源和门窗。

二、使用电气设备的安全守则

（1）一切电气设备在使用前，应检查是否漏电，外壳是否带电，接地线是否脱落。

（2）在使用电气动力时，必须事先检查电开关、电动机和机械设备的各部分是否安置妥善。

（3）开始工作或停止工作时，必须将开关彻底扣严或拉下。

（4）安置电气设备的房间、场所必须保持干燥，不得有漏水或地面潮湿现象。注意电线的干燥度，遵守使用电器的规程，离开房间时，要切断电加温仪器的电流。

（5）在更换熔断丝时，要按负荷量选用合格熔断丝，不得加大或以铜丝代替使用。

（6）在分析室内不要有裸露的电线头，不要用它接通电灯、仪器或电动机。要记住实验室内发出火花的危险性，因空气中可能有构成爆炸混合物的可燃性气体或蒸气。

（7）电器开关箱内，不准放任何物品，以免导电燃烧。

（8）严禁用铁柄毛刷清扫电门和用湿布擦电门。严禁用潮湿的手接触电气设备。擦拭电气设备前，应将全部电源断开。

（9）凡电气动力设备如电风扇、电动机等发生过热现象，应立即停止运转，并请求维修。

（10）实验时必须先接好线路再插上电源，实验结束时，必须先切断电源，再拆线路。

（11）停止电流供应时，要关闭一切加温和其他电气仪器，只连接着一盏检查灯，电灯明亮时指示电流已恢复供应，然后遵守为开始接通仪器时所规定的一切预防方法重新进行工作。如果中断电流供应，忘记关闭一切开关，当恢复电流供应时，在仪器内（特别是精密仪器，铂制加温器等）立刻通入电流能使仪器损坏。同时，在同一电源线上接通过多仪器时，也将造成电线负荷过重，有时甚至可能引起电线着火或击穿绝缘。

（12）定碳、定硫电炉的两端和高温硅碳棒箱式炉的硅碳棒端均应设安全罩，严禁将安置妥善的安全罩随意撤掉，以免发生触电事故。

（13）禁止在电气设备或线路上洒水，以免漏电。

（14）凡使用110V以上电源装置、仪器的金属部分必须安装地线，要使用有绝缘手柄的工具。

（15）用高压电流工作时，要穿上胶鞋并戴上橡皮手套，站在橡皮的小地毯上，不要信赖自己的小心谨慎。

（16）实验室所有电气设备不得私自拆动及随便进行修理。

三、化验室防火

（1）化验室内应备有灭火消防器材、急救箱和个人防护器材。化验室人员应熟知这些器材的位置及使用方法。

（2）禁止用火焰检查可燃气体泄漏的地方。应用肥皂水来检查其管道、阀门是否漏气。禁止把地线接在煤气管道上。

（3）操作、倾倒易燃液体时，应远离火源。加热易燃液体必须在水浴上或密封电热板上进行，严禁用火焰或电炉直接加热。

（4）使用酒精灯时，酒精切勿装满，应不超过其容量的2/3。灯内酒精不足1/4容量时，应灭火后添加酒精。燃着的酒精灯焰应用灯帽盖灭，不可用嘴吹灭，以防引起灯内酒精起燃。

（5）蒸馏可燃液体时，操作人不能离开去做别的事，要注意仪器和冷凝器的正常运行。需往蒸馏器内补充液体时，应先停止加热，放冷后再进行。

（6）易燃液体的废液应设专门容器收集，不得倒入下水道，以免引起爆炸。

（7）不能在木制可燃台面上使用较大功率的电器如电炉、电热板等，也不能长时间使用煤气灯和酒精灯。

（8）同时使用多台较大功率的电器时，要注意线路与电闸承受的功率。

（9）可燃气体的高压气瓶，应安放在实验室楼外专门建造的气瓶室。

（10）身上、手上、台面、地上沾有易燃液体时，不得靠近火源，同时应立即清理干净。

（11）化验室对易燃易爆物品应限量、分类、低温存放，远离火源。

（12）进行易燃易爆实验时，应有两人在场。

四、实验室内发生爆炸的原因、爆炸情况与防爆措施

（一）爆炸原因和爆炸情况

实验室内产生爆炸的原因有二，一是由于器皿内和大气间压力差逐渐加大，二是由于反应时反应区域内的压力急剧升高或降低。

1. 器皿内和大气间压力差加大引起的爆炸

（1）当器皿内部的压力减小时，如器皿壁的坚固性不够，仪器被压碎，这种爆炸称为

压碎爆炸,这是危险性较小的一种爆炸。在器皿壁的厚度和机械强度相同时,器皿能支持压力的限度在很大的程度上决定于器皿的形状,如圆底烧瓶要比平底的坚固得多,而平底烧瓶中圆的又比锥形的要坚固些,球形的器皿可以保证最大的坚固性。

发生压碎爆炸时,可能伤及爆炸器皿附近的工作人员。如果被压碎的器皿中盛的是毒物或可燃物质,或是能与空气形成爆炸性混合物时,可能发生中毒、失火或爆炸混合物的极强烈爆炸,危险性更大。

(2) 当器皿内部的压力加大到器皿爆炸的限度时,成为爆炸原因的能量就是压缩气体或蒸气的热能。在爆炸的瞬间,气体急剧膨胀,一部分热能转变为功,这类爆炸要比压碎爆炸危险得多,因为破裂器皿的一些部分或掉下来的零件以很大的威力向各方飞散,工作人员会受到致命的伤害,实验室会受到严重的破坏,如果使用有害物质工作时,还会引起中毒、失火或形成爆炸混合物的第二次爆炸。

2. 化学反应区域内压力急剧改变引起的爆炸

(1) 某些化合物(所谓爆炸物质)迅速地在千分之几秒内分解。分解过程中一般都会离析出大量的气体,同时放出大量的热。例如,乙醚中的亚乙基过氧化物、氮的卤化物,等等。

(2) 在固体和液体物质间发生迅速反应,生成大量气体或放出大量的热,以致四周气体容积的急剧增大。例如,镁、锌或其他轻金属与硝酸的反应,用高氯酸处理与其不混合的某些固体有机物试样的反应,等等。

(3) 当气体间迅速反应时,由于反应获得的产物有着与原来物质不同的容积,致使压力急剧改变(包括气体反应后占有与反应前不同的容积,或者由气体变液体或固体,但前者是主要的)。如果反应时放出热量,必然使气体混合物的容积迅速扩大。

3. 关于气体间反应,其反应速度受到下面这些因素的影响

1) 光的影响

众所周知,氢气与氯气的反应,在黑暗中进行得十分迟缓,在强光照射下则发生连锁反应类型的爆炸。甲烷与氯气的混合物,在黑暗中长时间也不反应,但在日光照射下会引起激烈的反应,如果两种气体的比例适当则能发生爆炸。

2) 压力的影响

许多反应的速度随着温度及压力的改变而急剧加大和减小。例如,磷化氢与氧气混合时一般不反应,如果减小压力,则在某种压力下,混合物会骤然爆炸。又如,在含有空气和氢化硅混合物的设备内造成真空时也发生过类似的爆炸。大多数气体爆炸的危险性都是在一定的压力范围内,高于和低于这种爆炸区域的压力时,反应速度仍然可以测量。

3) 表面活性物质的影响

气体反应的方向和速度有时受表面活性物质的影响而急剧改变。例如,在球形器皿内温度为530℃时,氢与氧之间完全没有反应,但是向器皿内插入石英、玻璃、磁、铜或铁棒时就会发生爆炸,说明吸着是这一反应的前提。又如,被多孔性炭吸着的氯具有特别强烈的反应性能。

4) 制造反应器皿材料的影响

制造反应器皿所用的材料同样能够影响某些反应的速度。例如,氢和氟在玻璃器皿中混合甚至在液态空气的温度下于黑暗中也会发生爆炸,而在银制器皿中则在一般温度下才能发生反应,若改用氟处理过的金属镁所制的器皿,则必须加热才能反应。

5）杂质的影响

对有气体参与的反应，很重要的一点是应该知道少量杂质对反应过程的影响如何。众所周知，许多反应如果没有必需的催化剂"水"，反应就不会发生。例如，如果没有水，干燥的氯没有氧化的性能，干燥的空气也完全不能氧化钠或磷，干燥的氢和氧的混合物甚至加热到1000℃也不爆炸。痕量的水会急剧加速臭氧、氯氧化物等这些物质的分解。小量的硫化氢会极度降低水煤气和空气混合物的燃点，并因此促使其爆炸。

此外，撞击、摩擦或其他产物的爆炸等，均能成为爆炸的原因。

在化学体系内的爆炸不外乎以链锁（或链式）反应或热反应的状态进行。链锁的反应又是爆炸性链式反应极重要的因素。热反应中要发生爆炸，必须使反应过程中获得的热量多于损失的热量，因此产生的热量异常急剧地加速反应。

（二）防爆措施

在使用危险物质工作时，为了消除爆炸可能性或防止发生人身事故，应该遵守下列原则：

（1）在工作地点使用预防爆炸或减少其危害后果的仪器和设备。这些仪器和设备包括：充分坚固器壁的仪器，例如真空装置上的玻璃器皿要用偏光镜加以检查；压力调节器或安全阀；用金属或其他较玻璃坚固的材料如有机玻璃或塑料所制的安全罩、套；用防护板使爆炸碎片不可能触及工作人员和易被损坏的设备；附有比仪器本身达到爆炸条件前先行损坏的安全零件装置，等等。在进行有爆炸危险工作的通风橱内的玻璃要用金属网保护，或用嵌网的特种玻璃。在管式炉内存在有爆炸的可能性时，工作人员应禁止站在炉孔的对面，切忌以脸面部位靠近炉孔。

（2）要清楚地知道工作中所用每一种物质的物理和化学性质、反应混合物的成分、使用物质的纯度、仪器结构（包括器皿的材料）、进行工作的条件（温度、压力），并且应使能激发爆炸的刺激物（火花、热体等）远离工作地点。

（3）将气体充装于预先加热的仪器内时，不要用可燃性气体排出空气，或相反地用空气排出可燃性气体，应该使用氮或二氧化碳来排除，否则就有可能发生爆炸的危险。用新气体填充气量计时，必须换水；在所有不能确定气量计内气体的成分的情况下，都应当换水。

（4）如果在由几个部分组成的仪器之中有可能形成爆炸混合物时，则在连接导管内装上保险器，这种保险器由里面嵌有铜网塞的玻璃短管制成，有这样的装置，发火时火焰就不能扩展到这种保险器的区域之外。如使用液封的办法将几个器皿组成的系统分隔为各个部分时，也能获得相同的效果。

（5）在任何情况下对于危险物质都必须取用能保证实验结果的必要精确性或可靠性的最小量来进行工作，并且绝对不能用直接火加热。

（6）应该记住改变气相反应速度的最普遍的影响因素（光、压力、表面活性物质、器皿材料及杂质等）。

（7）在用爆炸性物质工作时，使用带磨口塞的玻璃瓶是非常危险的，关闭或开启玻璃瓶塞都是可能成为爆炸的原因。因此必须用软木塞或橡皮塞并应保持其充分清洁。干燥爆炸性物质时，绝对禁止关闭烘箱门，最好在惰性气体气氛下进行，保证干燥时加热的均匀性，消除局部自燃的可能性。另外，还要及时销毁爆炸性物质残渣：卤氮化合物可以用氨使之成碱性而销毁，叠氮化合物及雷酸银则由酸化而销毁，偶氮化合物可与水共同煮沸，乙炔化物可以硫化铵分解，过氧化物则用还原方法销毁。

第七节 化验室急救

一、烧伤的急救

烧伤包括烫伤及火伤。急救的主要目的在于减轻痛的感觉并保护受伤的皮肤表面不受感染。为此，当灼伤遍及身体表面积过大时，应将伤者的衣服脱掉，用消过毒的布被单包好。各种烧伤的主要危险是患者身体损失大量水分，因此必须给患者大量热的饮料。

对一般烧伤伤员可以口服烧伤饮料或含盐开水防休克。为解除伤员痛苦，可以用针刺止痛，或口服吗啡 0.01g 或肌肉注射哌替啶 50~100mg。伤势严重者，应迅速转送医院，但对正在休克期的伤员，不能未作处理即加转送，这会加重休克。对休克伤员最好请医护人员前来抢救。送伤者至医院时要防寒、防暑、防颠，必要时输液。

对四肢及躯干部二度烧伤面积又不太大者，可以用薄油纱布覆盖在已清洗拭干的创面，并用几层纱布包裹，两三天后即须换敷料，但内层敷料可以不换，特殊情况除外。

凡烧伤面积大，三度烧伤多者，尽可能用暴露疗法，不宜包扎。暴露疗法应在医疗单位进行。

二、化学灼伤的急救

化学灼伤时，应迅速解脱衣服。首先用手帕、纱布或吸水性良好的纸片等物吸去皮肤上的化学毒物液滴，用大量清水彻底冲洗，再以适合于消除这种有毒化学药品的特种溶剂、溶液或药剂仔细洗涤处理伤处。现将一般急救或治疗法列于表 8-5。

表 8-5 一般急救或治疗表

单质和化合物	急救或治疗方法
氢氧化钾、氢氧化钠、氨、氧化钙、碳酸钠、碳酸钾	立即用大量清水作较长时间冲洗，然后用 2% 乙酸或 2 柠檬酸或 4% 硼酸冲洗；其中氧化钙灼伤时，可用任一种植物油洗涤伤处
碱金属氰化物、氢氰酸	先用高锰酸钠溶液洗，再用硫化铵溶液漂洗
溴	用 1 体积（25%）氨 + 1 体积松节油 + 10 体积乙醇（95%）的混合液处理，不可单纯用水冲洗，以免增加水解反应而使损害程度加重
铬酸	先用大量水冲，然后用硫化铵溶液漂洗
氢氟酸	先用大量冷水冲洗较长时间，直至伤口表面发红，然后用 50g/L 碳酸氢钠溶液洗，再以甘油与氧化镁（2+1）悬浮剂涂抹，用消毒纱布包扎
磷	不可将创伤面暴露于空气或用油质类涂抹，应先用 10g/L 硫酸铜溶液洗净残余的磷，再用（1+1000）高锰酸钾溶液湿敷，外涂以保护剂，用绷带包扎
苯酚	先用大量水冲，然后再用 4 体积乙醇（70%）与 1 体积氯化铁（1mol/L）的混合液洗，或先用大量水冲后，再用 50% 乙醇冲洗 2~3 次，再用生理盐水冲洗 10min，最后 5% 硫代硫酸钠湿敷 2~3d
氯化锌、硝酸银	先用水冲，再用 50g/L 碳酸氢钠溶液漂洗，涂油膏及磺胺粉
硫酸、盐酸、硝酸、磷酸、乙酸、蚁酸、草酸、苦味酸	用大量的水冲洗，然后用 2% 碳酸氢钠溶液冲洗

三、创伤的急救

用消毒镊子或消毒纱布机械地把伤口清理干净，并用3.5%的碘酒涂在伤口四周。碘酒是消毒的药物，也可使毛细管止血。对于创伤轻的毛细管出血，伤口消毒后即可用止血粉外敷。不论是毛细管出血（渗出血液，出血少）、静脉出血（暗红色血，流出慢）还是动脉出血（喷射状出血，血多）都可以用压迫法止血，压迫在什么位置，看创口部位决定。实验室内应具备急救绷带包。在伤口比较严重、出血较多时，应在四肢伤口上部包扎止血带止血，并用消毒纱布盖住伤口，仍大量流血时特别是动脉出血应迅速送医疗单位治疗。

用止血带止血应注意每1h（上肢）或2h（下肢）必须放松1次，每次放松1~2min，此时用指压法止血，冬天气温低血液循环慢时0.5h就要放松1次，放松要慢。应强调指出，分析室对于创伤的止血，只能是做一些送医务室前的准备，除小伤之外，一般都应由医务人员处理为宜。

四、中毒的急救

化验人员应了解毒物性质、侵入途径、中毒症状和急救方法，在工作中贯彻预防为主的方针，减少化学毒物引起的中毒。一旦发生中毒事故时，能争分夺秒地采取自救措施，力求在毒物被身体吸收之前实施抢救，使毒物对人体的损伤减至最小。对中毒者的急救，主要在于把患者送往医疗单位或在医生到达之前，立即将患者从中毒物质作用区域移出，并设法排除其体内的毒物，例如，服用催吐剂、洗胃、洗肠或者迅速用"解毒剂"以消除消化器官内毒物的毒害。同时必须十分注意维持患者最重要生理系统和器官的活动，因为各种毒物对于心血管系统和呼吸器官经常都会带来严重的影响。如果是呼吸失调和停顿，立即施行人工呼吸和使用各种刺激呼吸中枢活动的药剂，例如，让患者吸入含有5%二氧化碳的氧气，如果是心脏活动失调时，必须给患者皮下注射2~4mL消毒樟脑油或洋地黄注射剂。表8-6列出常见化学毒物的急性致毒作用与救治方法。

表8-6 常见化学毒物的急性致毒作用与救治方法

名称	主要致毒作用与症状	救治方法
氯气	吸入氯气后，粘膜受刺激引起咳嗽、咯血、胸部有压迫感，呼吸困难，大量吸入会引起肺水肿，昏迷	让中毒者立即离开现场，严重者应保温、吸氧、注射强心剂；如果眼睛受刺激，用2%苏打水冲洗；咽喉受刺激疼痛时可吸入2%苏打水热蒸汽
一氧化碳	由呼吸道经肺脏吸收而进入血液，很快形成羰基血色素，使血色素丧失运输氧的能力；轻度中毒时头痛、耳鸣、有时恶心呕吐，全身疲乏无力；重度中毒时会迅速陷入昏迷状态，呼吸微弱，会很快呼吸停止而死亡；中毒时全身皮肤常呈鲜红色，中毒时间长的人，心机功能发生障碍，甚至出现全身皮疹现象	立即将中毒者抬到空气新鲜的地方，注意保温，对呼吸衰竭者立即进行人工呼吸和输氧；如发生呼吸循环衰竭，同时注射强心针

续表

名　　称	主要致毒作用与症状	救 治 方 法
硫化氢	经由呼吸道侵入，与呼吸酶中的铁质结合使酶活动性减弱，并引起中枢神经系统中毒；轻度中毒时头晕、头痛、恶心、呕吐、倦怠、虚弱、结膜炎，有时会发生支气管炎、肺炎肺水肿，尿中出现蛋白；重度中毒时呕吐、冷汗、肠绞痛、腹泻、小便困难、呼吸短促、心悸，并可使意识突然丧失、昏迷、窒息而死亡	将中毒者立即移离现场，呼吸新鲜空气，严重者进行人工呼吸、吸氧、注射强心针；眼睛受刺激时，用2%苏打水冲洗，或用硼酸水湿敷
二氧化硫及三氧化硫	经由呼吸道侵入对上呼吸道及眼结膜有强烈的刺激作用；结膜炎、支气管炎、胸痛、胸闷	将中毒者立即移离现场，呼吸新鲜空气，必要时吸氧；眼睛受刺激时，用2%苏打水冲洗
氮氧化物	通过呼吸道对深部呼吸器官起损害作用；能引起肺炎、支气管炎和肺水肿等，还可引起眩晕、痉挛、多发性神经炎等，吸入高浓度氮氧化物时可迅速窒息、痉挛而死亡	让中毒者离开现场，呼吸新鲜空气或吸氧。静脉注射50%葡萄糖。对症使用止咳、镇静剂、抗生素
硫酸、硝酸、盐酸	主要为呼吸道吸入酸蒸气和皮肤粘膜受到侵害；如果溅到皮肤上，轻者发生红肿、疼痛，重者烧成水泡，周围大量充血，以至引起皮下组织坏死，烧伤后期结痂；如果误食三种强酸会引起全身中毒，口腔、咽喉、食道、胃等被强烈灼伤，尤其硫酸最为剧烈	皮肤烧伤时立即用大量水冲洗，或用稀苏打水冲洗；如有水泡出现，可涂红汞或紫药水；眼、鼻、咽喉受蒸气刺激时，也可用温水或2%苏打水冲洗和含漱；误食时立即用7~10L温水或2%小苏打溶液洗胃，每次少量多次灌洗
氢氟酸	可通过呼吸道、胃肠道侵入人体，主要损坏骨骼、造血、神经系统、牙齿及皮肤粘膜；接触氢氟酸气可出现皮肤发痒、疼痛、湿疹和各种皮炎；主要作用于骨骼；深入皮下组织及血管中可引起化脓溃疡；吸入氢氟酸气后，气管粘膜受刺激可引起支气管炎症	皮肤灼伤时，先用水冲洗，再用5%小苏打液洗，最后做甘油—氧化镁（2∶1）糊剂涂敷，或用冰冷的硫酸镁液洗，也可用松油膏
氢氧化钠、氢氧化钾	主要由于操作不慎腐蚀皮肤或误食，皮肤和粘膜接触碱后局部变白，周围红肿、刺痛，起水泡，重者可引起糜烂服苛性碱，可使口腔、食道、胃粘膜糜烂结痂，形成胃、食道狭窄	迅速用水冲洗，再用稀醋酸或2%硼酸充分洗涤；禁洗胃或催吐，服用稀醋酸、酸果汁等中和苛性碱，再服蛋清水、牛奶、淀粉糊、植物油等
氨水	多为浓氨水挥发出的气体氨刺激皮肤粘膜、呼吸道、眼、鼻等，长期接触氨水引起红肿、起泡、发生糜烂	用水或2%醋酸冲洗；如误服可洗胃，并口服蛋白水、牛奶等解毒剂
氰化物	吸入氰化氢或吞食氰化物，轻者有粘膜刺激症状，唇舌麻木、头痛、眩晕、下肢无力、胸部压迫感、恶心、呕吐、心悸、血压上升、气喘、瞳孔散大；重者呼吸不规则、昏迷、强制痉挛，全身反射消失，皮肤粘膜出现鲜红色，血压下降，可迅速引起呼吸障碍而死亡	立即移出毒区，脱掉工作服，解开衣服，做人工呼吸或给氧，注射强心剂；如内服此毒物时，除以上急救方法外，还要用2%小苏打水洗胃；如侵入皮肤和粘膜，应立即用2%小苏打水洗

续表

名 称	主要致毒作用与症状	救治方法
砷化物	吸入砷化物蒸气时产生头痛、痉挛、意识丧失、昏迷、呼吸和血管运动中枢麻痹等神经症状；皮肤粘膜受刺激也能引起全身中毒，出现皮疹和皮炎，严重者皮肤脱落或溃疡，不易愈合；误服毒物1h后出现急性中毒症状，咽干、口渴、呕吐、腹泻、剧烈头痛，很快心力衰竭而死亡	吸入砷化物蒸气时必须让中毒者立即离开现场，吸入氧气或新鲜空气；鼻咽部损害用1%可卡因涂局部，含碘片或用1%～2%苏打水含漱或灌洗；皮肤受损害时涂氧化锌或硼酸软膏；误服应立即用专用解毒药，用汤匙每5min灌一次，直至停止呕吐
汞及汞盐	损害消化道、神经系统和皮肤粘膜等；大量吸入汞蒸气或吞食二化汞等汞盐引起急性汞中毒，表现为恶心、呕吐、腹痛、腹泻、全身衰弱、尿少或尿闭甚至死亡；慢性中毒，初期口内有金属味、流涎、咀嚼时牙痛、齿龈出血、嗜睡、头痛、记忆力减退、手指、舌头出现震颤等	急性中毒早期时用饱和碳酸钠液洗胃，或立即灌服牛奶、蛋清或豆浆；立即送医院救治；皮肤接触，用大量水冲洗后，湿敷3%～5%硫代硫酸钠溶液
铅及铅的化合物	由消化道进入人体引起中毒，急性：口有甜金属味、口腔炎、食道和胸腔疼痛、呕吐、流粘泪、便秘等；慢性：贫血、肢体麻痹瘫痪及各种精神症状	急性中毒时用硫酸钠或硫酸镁灌肠；送医院治疗
铬酸、重铬酸钾等铬化物	通过消化道和皮肤进入人体引起中毒，对粘膜有强烈刺激，产生炎症和溃疡的化合物可以致癌	用5%硫代硫酸钠溶液清洗受污染皮肤
四氯化碳	皮肤接触：因脱脂而干燥皲裂；吸入：粘膜刺激，中枢神经抑制和胃肠道刺激症状，有轻度麻醉作用，对肝和肾有严重损害；吸入0.15～0.2g/m³四氯化碳会引起恶心、呕吐和胃肠功能紊乱；吸入0.21～0.78g/m³会感到极度疲乏、脸色苍白及胃肠道障碍；大量吸入高浓度四氯化碳会引起急性中毒，意识不清、抽搐昏迷以致迅速死亡；慢性中毒：神经衰弱候群，损害肝、肾	脱离中毒现场急救，人工呼吸、吸氧
三氯甲烷	皮肤接触：干裂、皲裂；吸入高浓度蒸气引起急性中毒，眩晕、恶心、呕吐，严重者抽搐、血压上升、昏迷等；慢性中毒：肝、心肾损害	皮肤皲裂者选用10%脲素冷霜；重症中毒患者使呼吸新鲜空气，向颜面喷冷水，按摩四肢，进行人工呼吸；包裹身体保暖并送医院救治
苯及其同系物	接触皮肤和粘膜有刺激作用能引起皮炎；急性中毒：沉醉状、惊悸、面色苍白，继而赤红、头晕、头痛、呕吐，重者昏迷抽搐甚至死亡；慢性中毒：神经衰弱症和造血系统的损害，血小板减少，出现出血倾向；严重中毒会发生再生障碍性贫血	皮肤接触用2%碳酸氢钠或1%硼酸溶液冲洗；急性中毒应立即进行人工呼吸、吸氧，送医院救治
甲醇	吸入蒸气中毒，也可经皮肤吸收；急性中毒：神经衰弱症、视力模糊；慢性中毒：神经衰弱症、视力减弱、眼球疼痛；吞服：15mL可致失明，70～100mL可致死亡	皮肤污染用清水冲洗；溅入眼内，立即用2%碳酸氢钠溶液冲洗；误服，立即用3%碳酸氢钠溶液充分洗胃后由医生处置
芳香胺、芳香族硝基化合物	吸入或皮肤渗透；急性中毒致高铁血红蛋白症、溶血性贫血及肝脏损害	皮肤接触用温肥皂水（忌用热水）洗，苯胺可用5%乙酸或70%乙醇洗

参 考 文 献

[1] 毛红艳. 化学实验员简明手册. 实验室基础篇. 北京：中国纺织出版社，2007.
[2] 韩华云. 化学实验员简明手册. 仪器分析篇. 北京：中国纺织出版社，2007.
[3] 张铁垣，杨彤编. 化验工作实用手册. 2版. 北京：化学工业出版社，2008.
[4] 刘珍. 化验员读本（上册）. 4版. 北京：化学工业出版社，2004.
[5] 刘珍. 化验员读本（下册）. 4版. 北京：化学工业出版社，2004.
[6] 夏铮铮. 计量认证/审查认可（验收）评审准则宣贯指南. 北京：中国计量出版社，2001.
[7] 梁汉昌. 气相色谱法在气体分析中的应用. 北京：化学工业出版社，2007.
[8] 朱良漪，孙亦荣，陈耕燕. 分析仪器手册. 北京：化学工业出版社，1997.
[9] 夏玉宇. 化验员实用手册. 2版. 北京：化学工业出版社，2004.
[10] 中国标准出版社第二编辑室. 中国环境保护标准汇编——水质分析方法. 北京：中国标准出版社，2001.
[11] 中国石油天然气集团公司人事服务中心. 天然气净化分析工（上册）. 北京：石油工业出版社，2005.
[12] 中国石油天然气集团公司人事服务中心. 天然气净化分析工（下册）. 北京：石油工业出版社，2005.
[13] 王光军. 质量健康安全环境管理体系标准与方法. 北京：石油工业出版社，2003.
[14] 中国石油天然气集团公司HSE指导委员会. 健康、安全与环境管理体系基础知识. 北京：石油工业出版社，2001.